意匠圖形

Conception Graphics

魏洁 著

中国建筑工业出版社

序

Preface

1991 年底，我进入了留德六年生涯的第一站卡塞尔艺术学院的首课堂——印刷实践课，主课老师汉斯得知我是中国人，便颇有兴趣地问我中国有多少个汉字？我回答：小学生识字 3000~5000 字，中学生 6000~8000 字，作家应该具有 50000~10000 多字的识字量。汉斯伸出了大拇指，羡慕地说："中国设计师太幸福了，我们欧洲人只有 26 个字母，一组文字设计的重复设计概率就很高，很容易出现文字的版权案，我们几乎到了'江郎才尽'的程度了。而你们中国人却有千字万字供设计师们使用，那创意的空间太大了。"汉斯的一席话对我触动颇深，深感作为中国设计师的荣耀，我们的文化元素实在太丰富了，羞愧于我们没有意识到我们自己民族的伟大，更没有去挖掘这些元素。

1997 年我学成后回到了江南大学（无锡），开始对西方的图形语言和中国的图形语言进行了深入的研究，并将之与具有中国国情的教育进行了教学实施和应用的探索，影响了一代一代的青年教师和年青的大学生。他们得其真谛后，迅速地成长，力图通过创新创意改变中国的设计教育，中国的经济。

魏洁老师正是当时年青学生中的其中一员，经过近二十年的努力，成为创新教育工作者中最具生气的一名优秀研究专家之一。她的新作《意匠图形》从溯源、深读、精神、方法、形式、美学六个方面着手，围绕社会创新和学校教研的需求，总结中国历史图形创意方法；注重本土形式语言功能；侧重内伸外延的文化传播意识；强调民族个性的设计语言；积累优秀的科学设计方法等方面，具有独特的视点和角度。

因此，她的《意匠图形》的出版具有深远的意义：

一、通过对此书的学习，会加深年青一代对民族设计文化的再认识，并激发人们对民族文化和艺术的热爱；

二、深层次地学习传统艺术，建立起中国人自己的美学观、欣赏观和设计观；

三、该读本适应当前中央对国学教育拓展学习的精神，有利于释放出"全民创新"的能量。

林家阳

教育部高等学校设计学教学指导委员会副主任

同济大学设计学教授

2015 年 12 月 22 日

目录

卷一

意匠溯源

Conception Origins

本源文脉

Contextual Sources

探索图案的起源、追溯图案诞生的原因，找寻图案演变史中蕴含的规律与脉络。

图形是伴随着早期人类生活生产自然诞生的产物。在原始社会，人类社会初步形成时，发现越来越多信息是声音信号所无法表达和记录的，于是图形便产生了。人们利用简单的图形来记录信息和沟通交流，随着这种功能的图形被创造得越来越多，人们开始有意识地使图形有一定的规范和系统，以便更多人能接收其中信息。原始社会人类的生存环境十分凶险，除了要抵御饥饿和疾病，还有自然灾害以及

图1-1 黄河

黄河位于中国北方，是中华文明最主要的发源地，中国人称其为——母亲河。

来自其他物种的生存威胁。在这种环境中，人们除了采用各种方法来抵御外来的威胁，“避凶求安”意识也就成为早期人类在特定生存环境下的精神寄托，精神上的渴望成了实现理想的另一个因素。古代人类对事物的认识尚浅显，于是他们用自己假想的一套逻辑来认识事物，特别是对生命与死亡的好奇。他们认为万物生灵都有自身的灵魂，并且崇尚自然的力量，认为自然力是一种神力。于是他们将自然中一些无法解释的事物和现象神化，比如崇尚某种动物和植物，将它们作为部落的神灵，将它们的形象化作图腾标志，祈求得到自然的庇护。

早期劳动创造的图形的方法来自对自然事物形象的仔细观察和研究，再用一些规范化的手法简单地描述其主要特征，虽然只有寥寥数笔却能达到准确描述的效果。这种概括事物形象的图形创作方法，可以说奠定了中国传统图形的发展模式，也在这个基础上形成独特的中国传统美学。中国传统图形根植于古代，在原始社会时期如马厂型马家窑文化里有四大圈旋纹彩陶壶，半坡型、庙底沟型彩陶中有大量鱼纹、鸟纹等纹饰，这些符号和纹样不仅是为了美观，而且是

图1-2 敦煌莫高窟

莫高窟坐落在河西走廊西端的敦煌。它始建于十六国的前秦时期，历经十六国、北朝、隋、唐、五代、西夏、元等历代的兴建，形成巨大的规模，有洞窟735个，壁画4.5万平方米、泥质彩塑2415尊，是世界上现存规模最大、内容最丰富的佛教艺术地。

为了与生存相关的神圣目的，是带着对吉相兆纹的信任而精心刻画的，他们相信有纹样装饰的器具有神性，能给自己带来健康和好运，这也是祈求吉祥的古老方式。陶器的发明是新石器时期人类对文明作出的突出贡献，尤其是彩陶，有着极高的文化代表性。彩陶被广泛应用到人们生活的各个方面，最常见的衣食住行类物品如锅碗瓢盆，还有一些祭祀和装饰用品等。这些彩陶上均有丰富多彩的图案，灵感多来自自然里的事物，如飞鸟游鱼、植物、走兽，还有一些将动物特征与人类特征结合的图案，除此之外，还以许多几何造型的图形符号，它们多由一些简单几何形构成，常见的有水纹、三角形、涡纹等，还有一些稍复杂的扭转放射纹。从彩陶上的装饰纹样我们可以看出，中国传统图形早在华夏文明诞生之初就有了很高的成就。传统图案为何有如此强大的生命力，与中华民族独特的情感文明和心理结构不无关系。原始人类崇尚神明、崇拜巫术，都是一种虔诚、善良的表现。因此，传统图形种类各异，风格不同，但在整体上又是相互统一和融合的，具有鲜明的民族特色，也成为中国文化的重要组成部分。

上

图1-3 晋祠

初名唐叔虞祠，是集中国古代祭祀建筑、园林、雕塑、壁画、碑刻艺术为一体的唯一而珍贵的历史文化遗产。

下

图1-4 狮子林

林园几经兴衰变化，寺、园、宅分而又合，传统造园手法与佛教思想相互融合，以及近代贝氏家族把西洋造园手法和家祠引入园中，使其成为融禅宗之理、园林之乐于一体的寺庙园林。

文化精神下的创造

Creation under Cultural Essence

图形从早期的装饰到发展中的寓意诠释再到今天的信息传递，每一步都在人类文化精神的创造下迸发着激情。

人类对形的认识伴随着造物发展的过程，当人们第一次尝试制造出较成熟的工具之后，便开始考虑工具的装饰问题。如今我们看到的早期器具上涂绘的简单图形，是当时人类智慧、情感、审美意识的集中体现。人类的这种对美的追求促进着艺术的不断发展，直到今天仍然如此。人类的图形创造史精彩非凡，从最早的彩陶图形、随之的玉器图形、逐渐成熟的青铜器图形、更加复杂的瓷器图形、漆器图形、创作技艺高超的金银器图形、与现代文明接轨的染织图形以及建筑装饰图形等，这些图形数量庞大，并且都有着极高的艺术价值。图形在人类文明史的整个发展过程中发挥着重要作用。

早在山顶洞人时期（旧石器时代晚期）就有了艺术的萌芽，制造和使用工具使原始人类在改变自然的过程中产生朦胧的审美意识，从而能在劳动之余进行艺术创造活动，饰品、骨雕和岩画的出现标志着我国原始社会的艺术及图形的真正诞生。图形的出现比文字还要早，并且伴随人类文明而不断发展。进入新石器时代后，原始艺术进入繁荣期，彩陶是这个时期最为突出的代表。早期的陶器纹样以刻划和压印为主，利用生活中的绳、篮等物件，将其纹理转移到陶器外作为装饰，除了绳纹、篮纹外，还有篦纹、贝齿纹、方格纹、指甲纹和席纹等，彩绘图形多为宽带纹、宽带几何纹和符号纹，这些纹饰由简单的线条和笔画构成，十分注意排布的匀称性；而进入中期后，随着制陶技术的进步，人们也学会了用颜料绘制图形，同时，也掌握了一定形式美的规律；彩陶纹饰形式变化无穷，气韵形象生动，造型完美，表现语言有着极高的艺术造诣和文化价值，为人熟知的有半坡人面鱼纹陶盆，盆内图案用黑彩绘出了奇特的人鱼合体图形，构图自由大胆，充满奇幻色彩。

此时期纹饰使用的基本颜色包括红、黄、黑、白、褐等色彩，象征太阳、火种和生命的红色给人以温暖和希望，因此受到了极高的崇拜，也被赋予了神圣的意义。在艺术表现形式上，抽象与具象图形相互结合，既有高度概括的几何纹，也有以写实为主的鱼纹、蛙纹、鹿纹等，特点则是图形简洁、概括、充满活力。图形的表现内容主要来自日常生活中的动物、植物、人物和几何形，其中简洁的几何图形应用比较普遍。早期的图案装饰与宗教活动密不可分，被神话后的图形作为图腾受到人们的崇拜。这些图腾是原始人类将观察与记忆结合后创造出的带有一定目的性的图案形象，因此是特定的愿望情感的体现和象征，蕴含着祈求富足生活和人丁兴旺的美好愿望。新石器时代器物的实用功能因图形而受到削减，图腾、巫术以及装饰审美等精神性的功能成为其主要特征。

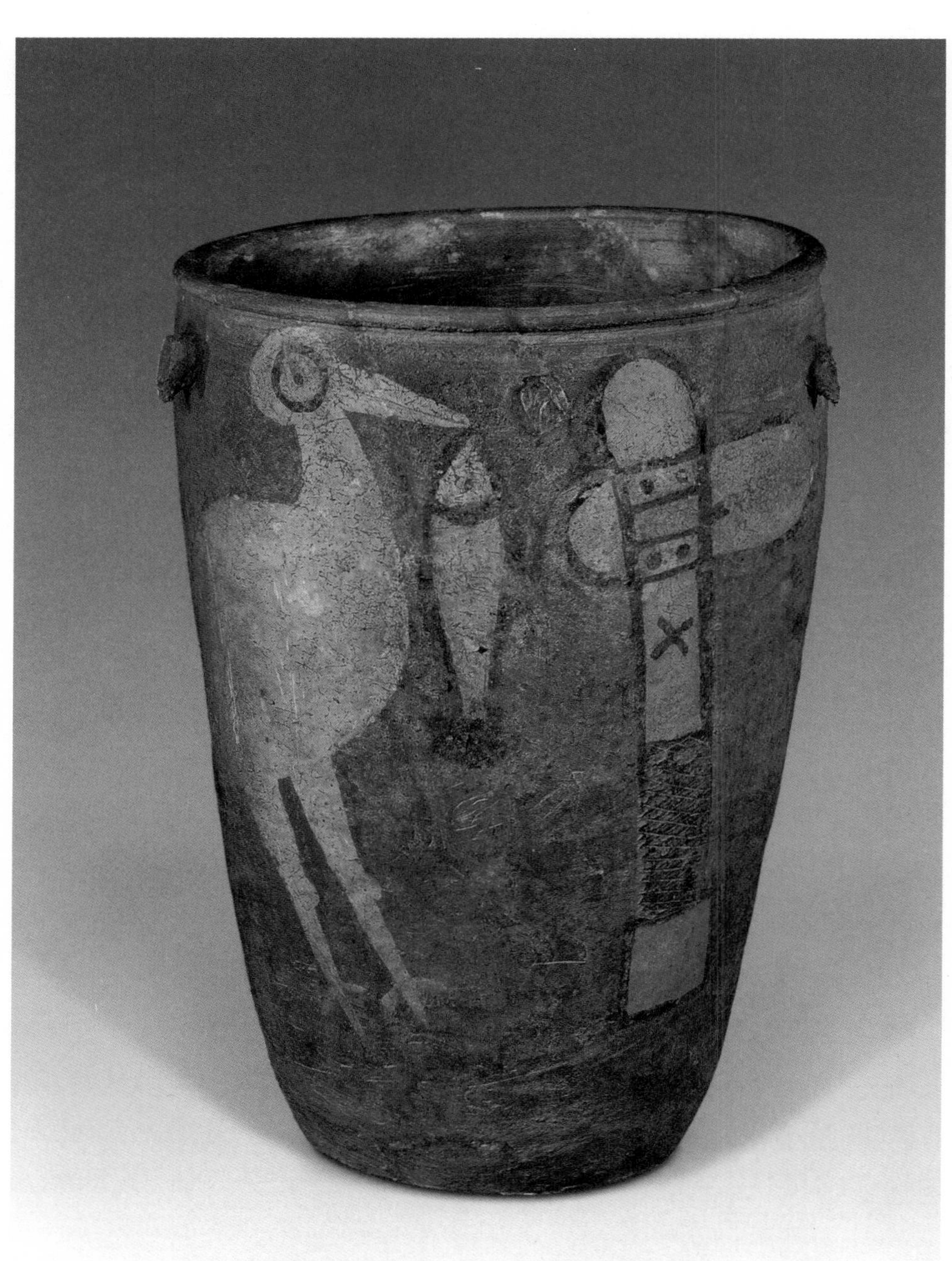

图1-5　鱼鸟石斧纹彩陶缸

是原始社会绘画艺术的杰作，其画意似与原始宗教有关。

属新石器时代仰韶文化类型，陶缸绘有鹳鸟衔鱼，旁边竖立一件石斧的画面，作者用白色在夹砂红陶的缸外壁绘出鹳、鱼、石斧，以粗重结实的黑线勾出鹳的眼睛、鱼身和石斧的结构，画面效果粗犷有力，绘画具有中华民族远古时代的造型特征，是一件罕见的绘画珍品。

公元前 21 世纪夏朝的建立标志着我国社会由原始社会发展到奴隶社会。我国奴隶社会的鼎盛时期为商周时期，这个时期的器物主要有青铜器、陶瓷器、玉石器、牙骨器等，其中青铜器的贡献最大，无论是艺术风格还是制作工艺都取得了辉煌的成就，成为我国古代造物史上的典范。青铜器作为祭祀和礼乐中必不可少的祭器和礼器，具有十分重要的政治和宗教功能，所以在纹饰上一反原始彩陶艺术中质朴、活泼、愉快的风格，而是偏向于沉重、神秘、威猛和凶猛，借此显示出统治者的威严与权威。青铜器上的纹样图案取材非常广泛，制作手法非常复杂而又独特，技艺精湛，结构讲究，造型夸张而凝练，并多以怪异风格化幻想的、恐怖的、超现实的动

图1-6　彩陶舞蹈纹盆

口沿及外壁以简单的黑线条作为装饰。舞蹈图每组均为五人，舞者手拉着手，面均朝向右前方，步调一致，似踩着节拍在翩翩起舞。每一组中最外侧两人的外侧手臂均画出两根线条，以表现臂膀的运动状态。

右　图1-7　马家窑彩陶蛙纹双系罐

此罐上的变形蛙纹是马家窑彩陶应用较为普遍的花纹之一。

左　图1-8　马家窑文化螺旋纹

图1-9　虎方徐淮夷图腾祖先徽铭像

商代安徽阜南朱寨常白庄出土龙尊

从安徽阜南龙虎尊龙虎纹可知，徐方以虎为图腾徽铭，人虎合一，正是「虍」。「虎衔人首」，实则为人首虎首，不是虎吃人，而是半虎半人，或谓虎冠。

图1-10 虎节

节，是古代用于军事和外交等方面的信物，是我国古代使者所持的凭证。目前我国已出土的节有：管形节、龙节、虎节等。这些节多出土于湖南、湖北、安徽等楚文化区域。

用青铜铸成扁平板的老虎的形状，虎成蹲踞之势，虎口大张，尾部弯曲成「8」字形。形态生动有趣，却不失美感。

图1-11 兽面纹鼎 商代后期 故宫博物院藏

鼎是青铜礼器中最重要的一类器物，自考古学上的二里头文化时期开始出现，一直沿用至明清时代，是青铜器中流行时间最长的器物。

此兽面纹鼎构形特殊，器形、纹饰在青铜器中较为少见。

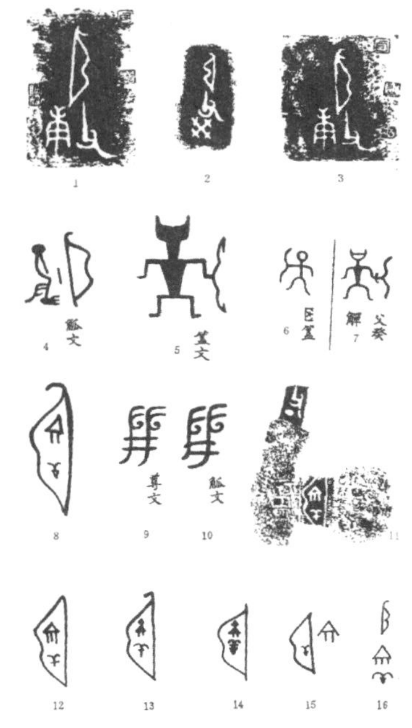

上 图1-12 有穷氏后羿徽铭 有穷高阳氏徽铭

下 图1-13 牛骨刻辞 殷商后期

物形象为主，如商代将青、赤、黄、白、黑五种颜色和神话中的青龙、白虎、朱雀、玄武、麒麟相对应，构成所谓“五方正色”的图式。商周时期的冶铸技术迅速发展，已经可以通过精确控制各金属的比例而铸造出适用的器具。青铜器铸造采用的是陶范法，可以保留器物身上精美的纹样，而局部更加精致的结构和纹样还可以通过分铸法得以实现，所以大量内容丰富、造型奇特的装饰图案依附于青铜器上，并得到了广泛的流通和传播。在图形的内容方面，商周时期基本沿袭了原始时代彩陶的动物纹样。动物纹装饰大致分两类：一类是自然界常见的牛、熊、羊、鹿、猪、马、兔、鸟、蛇、龟、鱼等；另一类是人们主观想象创造的动物，如龙、凤等。具有不同功能的器具往往使用不同的纹饰，不同用处的器具上的图形纹样也各不相同，如饕餮是龙的九子之一，十分贪吃，因此多用在与食物相关的器具上。常用的动物纹有饕餮纹、夔龙纹、凤鸟纹、鱼纹、象纹、虎纹、龟纹等；几何纹有云雷纹、弦纹、乳钉纹等；或者是描述耕作、宴乐及战争的场景的纹样。在装饰手法上，单层平面式的纹样反复出现，被称为“三层花”式，通过高低起伏的浮雕效果进行区分。各种图案创作方式各不相同，充满了早期人类丰富的想象力，大都采用在现实事物形象的基础上用夸张、抽象的手法再创造，从而达到一种神秘、奇特、怪异的非自然形态，以此来展示奴隶主的至高无上的地位。

在奴隶制逐渐解体、封建制开始形成的春秋战国时期，文化和思想领域均出现了前所未有的繁荣景象，诸子百家蔚然

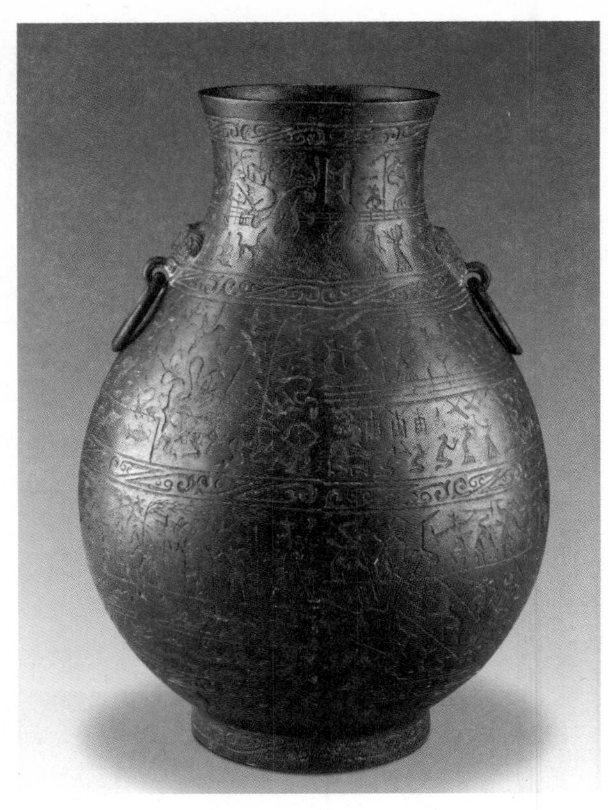

图7-14　宴乐渔猎攻占图青铜壶　战国青铜器

壶身的造型为缩口、斜肩、鼓腹、矮圈足，肩部有两只兽首衔环，整体简洁朴素，纹饰精美，其最著名之处就在于壶身上的渔猎攻占纹图。

壶身上的花纹从口至圈足分段分区布置，以双耳为中心，前后中线为界，分为两部分，形成完全对称的相同画面。自口下至圈足，以云纹划分为三层。

第一层在铜壶的颈部，主要表现采桑、射礼活动的情形；第二层位于壶的上腹部，分为两组画面，左面一组为宴享乐舞的场面，右面一组为射猎的场景；第三层为水陆攻战的场面，一组为陆上攻守城之战，另一组为战船水战。另外，铜壶的最下面采用了垂叶纹装饰，使得整个铜壶看起来敦厚而稳重。

图中总共有178个人物，另外还有鸟兽鱼虫94只，人和动物的形象生动而艺术地再现了2300年前的生活画卷。商周时期的青铜器纹饰多是抽象而且神秘的兽面纹、蟠螭纹。到了春秋战国时期，青铜器纹饰则多倾向于展现人类社会的真实生活场景，而这件铜壶就是其中的经典之作。

图1-15 战国楚国族徽铭

湖北江陵天星观出土鹿角龙镇墓兽

外形抽象，构思诡谲奇特，形象恐怖怪诞，具有强烈的神秘意味和浓厚的巫术神话色彩。镇墓兽的基本形态由鹿角、兽形首、方形底座三部分拼合而成。

从出土镇墓兽的排比中可以看出其从早期到晚期的发展演变规律，大致是兽面渐变为人面，无舌渐变为长舌，无颈渐变为长颈，兽面由彩绘发展为雕刻。

成风，儒家、道家、墨家、法家等百家争鸣。在这种情况下，凸显理想和生活成为装饰造型的发展目标。春秋战国时期的手工业以官营为主，主要为了满足统治阶级的需要，所以在生产时精益求精、不计成本。在这种情况影响下，春秋战国时期的青铜器、陶器、金银器、玉器、漆器、刺绣、丝织品等器物都有一个共同特点，即造型独特，充满趣味。青铜器图案是春秋战国时期审美的集中体现，随着青铜器逐渐成为上层贵族们使用的生活器具，其图案风格也发生了较大的改变。不同于商周时期的神秘与沉重，此时期的装饰图形追求极致的精致感，因此早期粗犷抽象的图案逐渐向精致形象的方向发展，造型也从神秘、奇特趋于写实、保守，较为流行的有蟠螭纹、云纹等较为复杂饱满的纹样。这种图形的特点使贴近生活的造型构图方面逐渐代替了之前的平行垂直的粗犷造型结构，以弧线形、斜线为主的灵巧结构占据了主导地位。构图方式的改变使原本传统的对称结构变得复杂起来，除了对称还有均衡、对比等手法，从描绘对象来看，从早期的单个对象到一个包括多种形象的庞大场景，而且还有一些更复杂的创作元素，龙凤纹、人物纹以及鸟兽纹等是这一时期流行的装饰纹样，不同的纹样相互缠绕翻转，充满动感和韵律。在表现手法上，金银错、镏金、镂空、镶嵌等工艺的运用让图形在颜色上和形式上更加丰富和多变，图形不再限于平面，而是在立体空间内不断出新。此时期的艺术不仅要体现自身的审美价值，还强调艺术的政治伦理作用，如孔子宣扬的“尽善尽美”和荀子所提倡的“美善相乐”，均体现了艺术与伦理道德之间的紧密联系。

秦汉时期是我国文化艺术史上的一个辉煌时代。秦代虽然只存在短短十五年，但在图形的发展过程中作出了不可磨灭的贡献，其中对艺术领域有突出贡献的当属秦始皇陵的兵马俑，包括与兵马俑一起出土的各种在战争中出现的器物一起被誉为“世界第八奇迹”。尤其是秦始皇陵出土的两组铜车马，每组铜车马均由三千多个部分组成，通过分铸、焊接、铆接等工艺进行连接，在车身和马身刻画有精巧华丽的纹饰，较之实物更为精美。除此之外，秦代夔龙纹空心砖和夔凤纹瓦当采用模印的加工方式，将浮雕与阴刻相结合，使得整个图形更加规整美观。汉代工艺也有一些新的发展，如画像砖、瓦当、画像石、帛画的出现，这些器物装饰的艺术表现手法已经大大超越前朝，比如汉代最早使用的知白布黑、底虚图实、以简托繁等对比手法，这都是汉代对传统工艺美术的发展所做出的突出贡献。汉代的铜器最具时代特色，其中又以铜镜的图形最为丰富多样。铜镜在汉代主要作为随葬品和占卜、舞蹈用具，因此在装饰图案上颇为讲究，西汉早期的铜镜纹样沿袭了战国的蟠螭纹，但在中期以后产生了连弧纹、重圈纹、四乳纹等新的装饰纹样，而到了末期，对称均等分布的纹饰流行起来，方式是将铜镜按照方形分成四个部分，然后将四神、鸟兽以及几何纹样按规律填充进去，最常见的为用青龙、白虎、朱雀和玄武对应东、西、南、北四个方位。东汉时期的铜镜较多使用云纹、夔龙纹、蝙蝠纹等，还乐于将吉祥的

上 图1-16 秦始皇陵号兵马俑坑军阵 秦

秦始皇兵马俑的艺术特点是它的高度写实性。秦以前的雕塑以装饰性为主，而秦俑采用了写实的刻画方式，带有明显的肖像性和写生性的特征。其写实并不只是简单地按照现实摹刻下来，而是经过了艺术的处理。不同的人物外形，不同的官阶，不同的性格特征，不同的精神面貌，都体现在了秦俑的身上，可见它的造型刻画不仅实现“形似”，而且还达到“神似”。

下右 图1-17 狩猎规矩纹镜 汉

汉镜纹饰有其独到之处，规矩纹有别于其他时代纹饰，乳钉纹经常用作装饰，有尖乳、圆凸乳和中心下凹的乳钉。另外，铜镜边缘上的锯齿纹、双线波纹、双线三角纹、流云纹也是区别战国和唐以后铜镜的重要标志。

下左 图1-18 十二辰四神纹镜 汉

此铜镜是汉镜中的名誉品。外围方形界格内十二枚乳钉和十二地支相间环绕。博局纹将主区分为四方八区，每区分置一枚乳钉和四神纹。四方的纹饰组合分别为青龙配双禽鸟，朱雀配青羊，白虎配蟾蜍，玄武配羽人。羽人手拿仙草，招引青龙。四神纹经过特殊工艺处理，白光耀眼。镜缘上饰一圈锯齿纹及一圈勾连云纹，工艺精湛，纹饰华美。

话语写在铜镜中央，周围以格式纹样包围。在秦汉时期工艺美术的装饰题材上，羽化升仙、祥瑞纳福一类内容占了相当大的比重，对祥瑞题材的喜爱初见端倪。而在造型布局、工艺制作及想象力方面，秦汉均达到空前水准，简单、夸张的形象使图形充满张力，具有一种强烈的生命力。秦汉时期的图形内容以人物和动物为主，并刻画了许多生活场景以及神话民间传说等，这些看似普通的题材都以不同的角度体现了汉文化的丰富多彩，经过艺术加工后的装饰图形更是体现出一种粗犷浑厚的美学风貌。

魏晋南北朝时期战争不断，一方面社会经济和文化都受到了一定冲击，但另一方面却使外来文化得以进入中原地区，各地区和民族之间的交流因此与日俱增。饱受战争之苦的人们寻求精神上的慰藉，东汉末年传入我国的佛教经统治阶级的推广而兴盛起来，佛教文化的发展也为以后的设计提供了力量源泉。佛教文化的传入为中国传统艺术注入了新的力量，在这个基础上创造的图形图案，多是传统图形与佛教图形的结合，如金刚、佛教故事中的神怪等，还有“飞天”、“莲花”等图形。莲花是佛教文化中最常见的形象，也是最为广泛运用的装饰题材之一，莲花在佛教中象征着纯洁和清净，《诸经要解》说：“故十方诸佛，同生于淤泥之浊，三身证觉，俱坐于莲台之上”。由此可见，超凡脱俗的莲花有着出淤泥而不染、在烦恼中也能给人带来清凉的深刻含义。莲花纹应用范围很广，在不同时期和不同器物中形态也稍有不同，如南朝早期的莲花纹主要采用刻印的方式，花瓣细长

图1-19 乐舞纹黄釉陶扁壶 北齐

南北朝时，南朝的青瓷产量很少，纹饰也十分简化，即使是莲花纹也只是刻划而已，倒是北朝的青瓷艺术，以后来居上的姿态异军突起。

孝文帝的汉化政策，促进了民族大融合和社会生产力的迅速发展。中亚、西域与中原内地宗教文化频繁交往，佛教文化的高扬，莲花、飞天、佛像成为重要装饰。除了佛教的影响和深入人心的因素之外，希腊、罗马、波斯和印度犍陀罗艺术也起到了重要的影响。

乐舞纹黄釉陶扁壶在两面腹部饰有内容相同的五人胡腾舞图案。五人深目高鼻，穿窄袖长衫，腰间系带，脚着深靴。中央一人翩翩起舞，其余四人持乐器伴奏。器肩饰一圈凸起的联珠纹。整个器件反映着了强烈的西域情调，是典型的新文化影响下的作品。

清瘦，而到了北朝晚期后，莲花图形变得宽大丰满，在花瓣中央还有一个小小的凸起，并且形式以立体浮雕居多。在当时的墓室壁画中，莲花、流云、火焰、庆云、日月、青鸟、羽人、青龙、白虎、朱雀、玄武等吉祥元素十分常见，也有很多如飞天、仙女、祥禽瑞兽等的宗教题材，儒、道、佛的思想相互融合，形成特殊的艺术风格。与此同时，来自希腊、罗马、波斯等西方国家的图形也被应用在我国的器物上，如忍冬纹、卷草纹、连珠纹等极具西方特色的植物纹样。此类植物图形多为写实风格，一般作为陪衬图形，多装饰于物体的口沿、肩颈、足等部位，简洁的植物纹样能够突出中心的主体纹样，起到点缀作用。大量吸收外来图形使我国传统纹样的风格更加多变，也受到了不同地区人们的喜爱。

图1-20 青瓷莲花尊 中国国家博物馆藏

莲花纹饰出现在我国瓷器上面，首见于六朝青瓷。魏晋南北朝是中华文化大融合的时代。中国的汉族文化和少数民族文化与来自印度的佛教文化互相融合。受佛教艺术的影响，东晋晚期，瓷器上开始出现了简单的莲瓣纹。

莲纹此时不仅大量装饰在盘碗类圆器上，也广泛用于罐、尊等琢器上。装饰技法大为拓展，更为丰富，除了沿用重线浅刻外，还采用浮雕、堆塑、模印贴花等多种技法。

青瓷莲花尊是南北朝青瓷中一种特异作品。受佛教影响，独特的龙纹或飞天配以肩部六个粗壮的复式耳。自肩部经腹部至底座，刻划或堆贴俯仰呼应的莲瓣，并饰花穗。堪称早期北方青瓷的代表作。

图1-21　金花银胡瓶

瓶柄上方有深目高鼻戴盔帽的圆雕人头像，腹部浮雕三组人物图像，表现的是希腊神话故事金苹果之争中的三个场景：帕里斯的评判、诱拐海伦及海伦回归。这件胡瓶是波斯萨珊工匠的作品，融汇了萨珊、希腊以及巴克特里亚当地的文化因素，体现北朝望族对异域文化的追求，也是丝绸之路引发东西物质文化交流的典型例证。

隋朝的建立使分裂的中国重新统一，至唐代后，由于经济的发达和政治的稳定，文化艺术更是欣欣向荣。图形的形式和内容逐渐倾向世俗化，这与人们追求富贵荣华的心理密不可分，同时丰富多彩的民间活动也为图形的表达提供了很多灵感和来源。唐代的装饰纹样具有富丽堂皇、雍容华贵、题材丰富、结构丰满等特点，纹样的线条柔和且富于变化。图形的构图越来越注重和谐性、对称性和平衡性，色彩的选择上也越来越趋于明快、调和、华美的色彩。唐代瓷器的纹样装饰手法有刻花、划花、印花和堆贴等，纹样题材不仅有龙凤、寿鹤、虫鸟、狮兽等动物纹，也有牡丹、莲花、葡萄、蔓草等植物纹。跟以往动物、植物纹样的功能不同，这里它们不再是用做边缘或者底纹微不足道的装饰，而是图案的主体，如宝相莲、团花、卷草、折枝花等经典纹样，通过疏密、强弱、穿插、迎让变化等组合运用得十分完美。其中，唐草纹是用中国的动植物纹样代替国外忍冬和掌状花纹等纹样而产生的新纹样，宝相花、牡丹、石榴和鸾凤、孔雀等受中国人喜爱的动植物造型汇聚在一起，成为能够凸显唐代饱满、流畅特性的特色纹样。唐三彩技术的广泛应用，为传统纹饰的设色提供了重要依据，色彩斑斓的釉色千变万化，营造出了一种自然而随机的美感。大唐盛世金银器之风盛行，并设有专门的官府部门专门负责金银器的制造，作为上层人士的生活用品和用于朝廷赏赐、进贡的物品，唐代的金银器极其精美奢华。法门寺地宫出土的一系列金银器是唐代金银器中的精品，以镏金银香球为例，香球上蜜蜂的纹样与各种卷草植物纹相辉映，植物纹样之间的空隙全部镂空以方便香球出烟，既实用又美观，此时的纹样又具有了实用功能。

图1-22　褐绿彩瑞云莲花纹双耳瓷壶　唐

唐代是彩釉获得突飞猛进大发展的时代，长沙窑的「釉下褐绿彩」在造型和纹样上都充分展露民间的朴拙与活泼之趣。这支双耳瓶上用绿釉、褐釉的圆点绘出莲花水云纹，风格浓烈而奔放，洋溢出对生活率朴的热爱。

图1-23　青釉划花莲瓣纹四系盘口瓶　隋

隋代安徽淮南窑作品。通体釉下划花、印花装饰。颈部、肩部均戳印圆圈纹。肩部有两层划花纹饰，上为覆莲瓣纹，中间为忍冬纹。每层纹饰之间均以弦纹相隔。

上

图1-25　鹦鹉宝相花纹鎏金银提梁壶　唐

陕西历史博物馆藏

锤击成型，花纹平錾，通体装饰，图案繁复华丽。以鱼子纹为地，腹部正、背面各以鹦鹉为中心，四周绕以折枝花，组成团形图案；左、右两侧以鸳鸯为中心，饰折枝花，余白填单株折枝花草。颈部与圈足饰海棠形四出花瓣。盖顶中心为宝相团花，周围饰葡萄、石榴和忍冬卷草纹。提梁上饰菱形图案。纹饰皆鎏金。盖内有墨书二行「紫英五十两」、「白英十二两」，表明为储存药物之用。此提梁罐造型雄浑典雅，纹饰富丽堂皇，采用了锤击、浇铸、切削、抛光、錾刻、涂金、焊接等七种工艺完成，该器既创作出实用价值又充分体现了唐代人的审美情趣。是一件实用性与艺术性完美结合的稀世珍品。

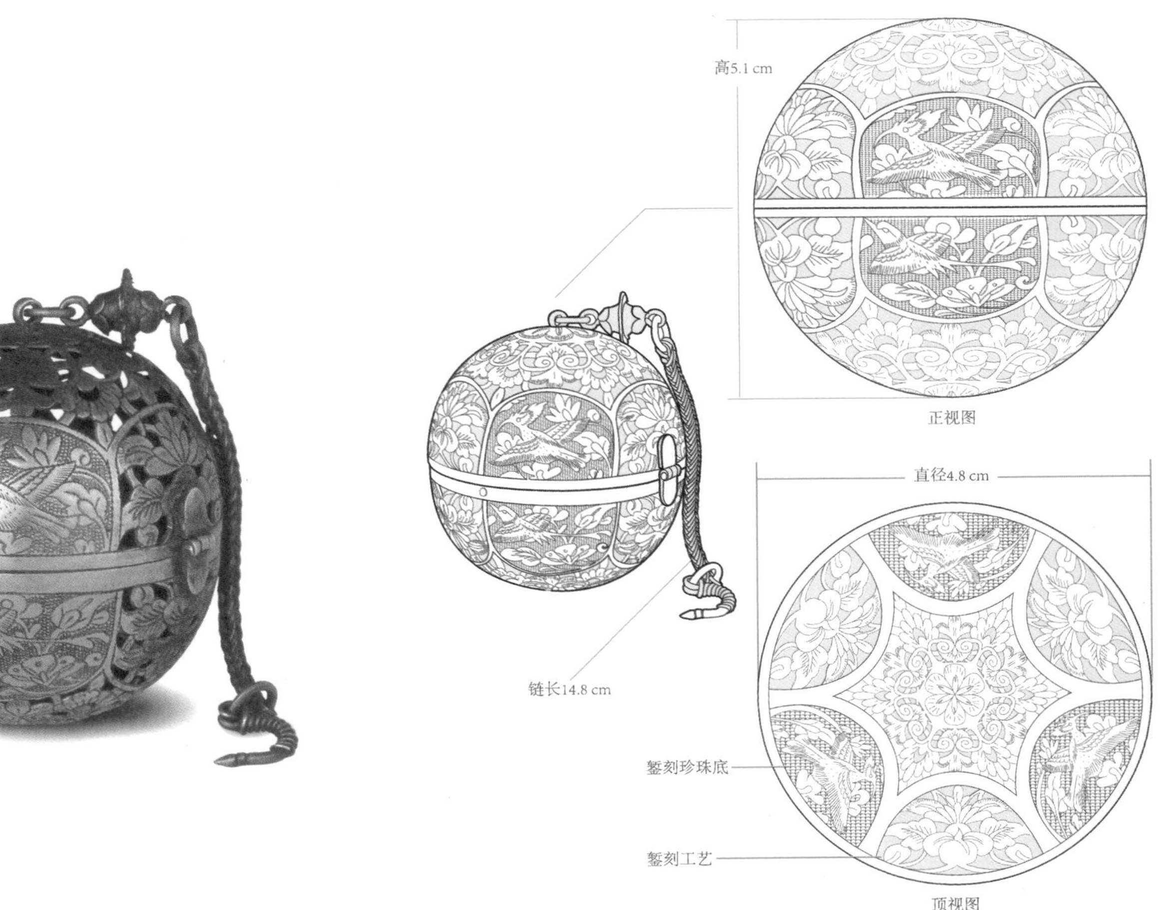

下

图1-24　鎏金鸿雁纹银香囊　唐

直径5.8cm

囊盖、囊身各作半圆，上下对称，以字母口扣合，一侧以铰链相接，另一侧以勾环相连。香囊外壁錾出圆形和三角形几何图案，其间饰以鸿雁，衬以鱼子纹和花叶。

上

图1-26 花叶纹蓝琉璃盘

这件琉璃盘出土于陕西扶风法门寺地宫，属于早期伊斯兰作品，特殊的刻花手法，以及刻花图案的异域风貌使其具有极其重要的文化意义。

下

图1-27 敦煌莫高窟159窟东壁窟门上部壁画

是敦煌莫高窟中唐时期的代表性洞窟，窟中的彩塑和壁画均十分生动。

宋元时期的装饰题材一般都会选择山水花鸟，主打写实风格，其线条飘逸流畅、纹样简洁大方、色彩朴素淡雅，透露出端庄秀美之感。瓷器艺术在宋代达到顶峰，是宋代工艺美术的代表，朝廷设置官窑专门烧制供皇室使用的各类瓷器，宋瓷的制作工艺非常考究，釉色以素雅为尚，在纹样的选择上也更偏向于简单大方的式样。宋代早期的瓷器多为素釉无花纹，后期主要通过刻花、划花、印花等装饰手法在瓷器表面形成浅浅的浮雕效果，若隐若现。宋瓷最常见的纹饰有青花、釉里红、莲花、牡丹花等，黑白对比反差强烈，风格简洁淡雅，庄重又不失韵味。宋代工艺美术受文人士大夫审美的影响，追求一种雅致、朴素的自然气息，因此在图形题材的选择上倾向于自然田园般的恬静场面；同时，由于经济发展，瓷器也越发变成普通百姓可以消费的产品，所以需求量也日益增加。反映生活风俗和具有吉祥寓意的题材受到人们的普遍喜爱，如婴戏图中可爱的小孩儿形象，不仅让人感到亲切，同时也预示着多子多福。各种动物、植物、人物融合在一起，变成一幅幅充满生活情趣的场景。元朝是中国历史上第一个由少数民族建立的王朝，蒙古贵族和伊斯兰教都推崇青色和白色，再加上西亚进口的钴蓝釉料，青花瓷成为这个时期的突出成就。青花瓷器的装饰手法是用钴蓝颜料在瓷胎上进行绘画，虽然只有一种颜色，但通过浓淡和笔触的变化而形成丰富的层次。此时的装饰图形题材既有唐宋时期延续下来的传统题材，又有西方传入的外来题材，青花瓷将两者合而为一，形成元代特有的、中西合璧的新纹样。

图1–28 图1–29 图1–30 汝窑莲花式温碗 宋

台北故宫瓷器精品馆的莲花式温碗。它状似半开的莲花，线条温柔婉约，高雅清丽，釉面纹路细碎，造型典雅，釉色温柔。

莲花式温碗器作十瓣莲花形。以莲花或莲瓣作为器物之纹饰及造型，随佛教之传入而盛行，尔后更取其出泥不染之习性，寓意廉洁，广为各类器所采用。原器物应与一执壶配套，为一温酒用器，晚唐至宋所常见。

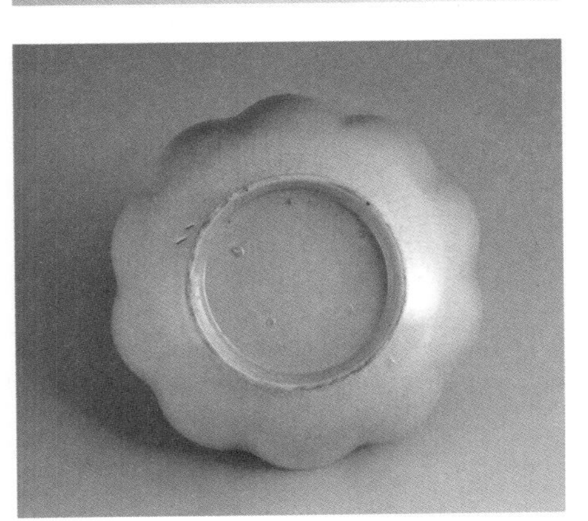

右页

图1-32 青铜三足熏炉 宋

高15.8厘米 径13.6厘米

左页

图1-31 牙白弦纹簋式炉 定窑 宋

高9.9厘米 口径13.5厘米

宋代定窑以烧白瓷为主，兼烧黑釉、酱釉、绿釉及白釉蹄花器。白瓷装饰有刻花、划花与印花三种。划花装饰南北方瓷窑大都采用，是宋代早期瓷器的主要装饰方法。

此炉口有棱，腹圆硕。足圈稍高。腹两侧有双龙耳，耳下饰珥。腹部有瓦楞纹五道，口沿下及足圈外侧浅划纹饰。此作品造型模仿西周的铜簋。

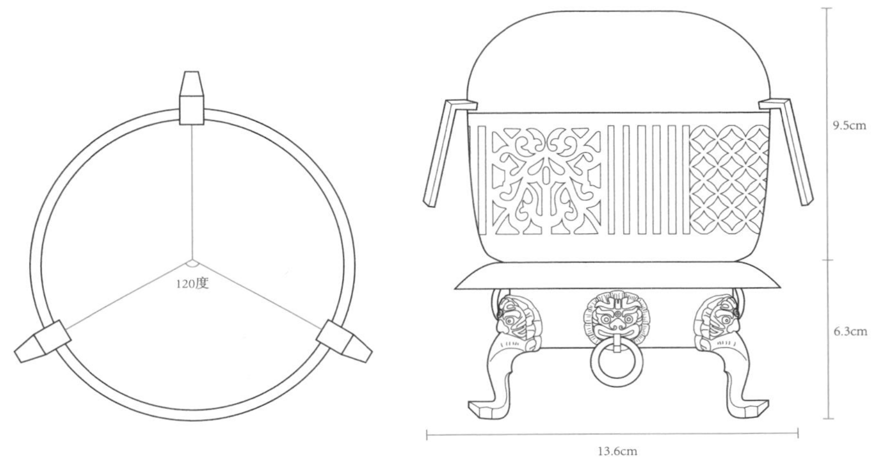

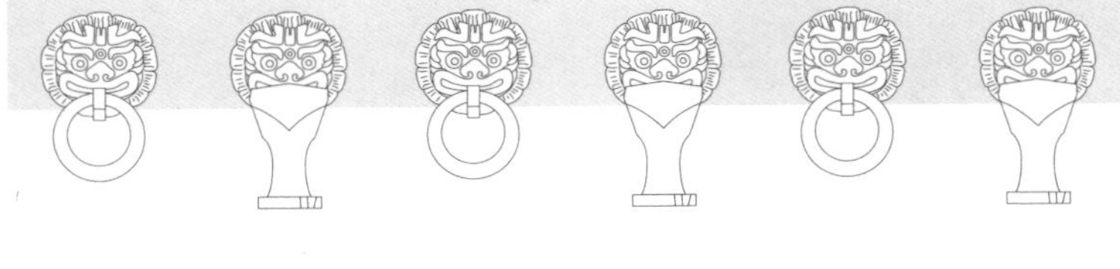

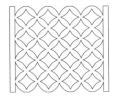

金钱纹

卷草纹

铺首衔环

右 图7-33 耀州窑剔花青瓷倒装壶 北宋

左上 图7-34 北宋倒装壶内部结构示意图

由于该壶无口无盖，只在壶底中央有一梅花形注口，使用时须将壶倒置，酒由壶底梅花孔注入壶腹，故名「倒装壶」。

该壶肩腹之间装饰乳钉纹、垂三角纹各一周。腹部剔刻缠枝宝相花纹，下刻仰莲纹一周，由于花纹轮廓线外的隙地均被剔去，致使花纹凸起。刻花技术熟练，刀锋犀利，线条活泼流畅，布局适宜。底心有一大孔通腹，倒置可灌水，正置滴水不漏。腹下附圈足，略外撇。

该壶集捏塑、剔刻、模印装饰于一体，造型精美，釉色明快素雅，展示了宋代耀州窑制瓷工艺的最高水平，是宋瓷精品中又一杰作。

左下 图7-35 如意纹金盘 元

金盘以四个如意云纹组成，线条为捶揲而成的突起阳文，两下两上相互重叠，盘心又捶出四个小如意云纹，形似花朵，其余部位满饰錾刻缠枝花卉纹。

如意云纹既是纹样，又是构成器形的一个组成部分，使装饰与造型完美地结合在一起。如意云头尖角向外，呈放射状伸展，为盘形奠定了方形的四角，四个如意云头的八个卷涡纹以虚线相连，形成外缘圆而内缘方的图形，而盘心的小如意云头则以同样的十字交叉形式组成外方内圆的形状，使该盘的方圆组合达到圆融无碍的境界。由于相叠，使如意云头原本完全相等的两个卷涡形产生了一隐一显、一藏一露、一整一破、一大一小的巧妙变化。同时两者相连又产生一个新的图形，使观赏效果又多一个层次。精细的线刻牡丹纹构成了又一层次，牡丹花头外圈呈圆形，内圈则为方形，又暗合了金盘方圆交互的审美意蕴。

上

图1-36 贴花霁青双耳炉 明 嘉靖时期
高16.8厘米 口径18.3厘米
侈口，口有竖边，短颈、夸腹，短胫，短圈足，颈饰双耳。双耳的式样做成独角兽头式。纹饰为堆花法做成，为太湖石、牡丹花，竹叶、陂石。

下

图1-37 青花云龙八卦方炉 明 万历窑
高21.5厘米 口径12.8X13厘米
此炉呈四方形，口饰两立耳，四足。盖上立狻猊，其身下有镂空钱纹一枚，香烟可从洞中飘出。狻猊四周绘山石、波涛，盖沿绘八卦及风火、云纹。炉身口沿及立耳绘回纹，腹部上层绘双龙抢珠，下层绘波涛、浪花。

明清两代商品经济十分繁荣，对外贸易促进了各国文化的交流，也刺激了手工业的发展。明代的瓷器、漆器、金属工艺发展势头强劲，因此装饰艺术的材料运用更加丰富多彩，使当代艺术品格调高雅、层次丰富、表现手法细腻，并被大规模地普及，如明代最为著名的珐琅器“景泰蓝”，用掐丝铜线制作出缠枝莲、二龙戏珠等图案的外轮廓，再用蓝、红、紫、绿、黄等鲜艳的釉色填充，色彩艳丽，端庄大方。至清代后，装饰图案风格趋于华丽、富贵、密集和纤细，同时也因过分追求装饰而稍显繁缛。在清代，等级观念使得不同阶级所能使用的图案和颜色各有不同，《清史稿·舆服志》中提到，宫廷图案中有“文以禽，武以兽”的规定，而龙纹和黄色则为帝王的专用，是最高权力的象征，越来越精细复杂的宫廷图案让人叹为观止。明清时期的装饰艺术中，年画和刺绣得到了飞速的发展，纹样大多是含有吉祥寓意的图案，在周围会饰以花鸟鱼虫、自然山水作为辅助修饰画面。中国人凡事必求吉祥如意，所以，中国装饰艺术的主题一直都离不开“吉祥”二字。中国传统纹样中表现吉祥题材的作品明清时期大量涌现，可以说是 “图必有意，意必吉祥” 。巧用谐音、会意的象征手法，如“竹报平安”、“五蝠捧寿”、“五谷丰登”等，表达了人们的美好愿景；也有“岁寒三友” 、 “高士图”等表达出人们对于高尚情操的追求；而寿星、鹿、鹤、灵芝等则寓意着健康长寿。至清代晚期后，技术的进步使图形越加追求高难与奇巧，装饰采用堆砌的手法尽显华丽，但实质上是走向衰落。

下

图1–38　青花海水异兽图瓶　清康熙

此器造型系仿汉朝青铜壶式样而作，造型古朴稳重。七层纹饰繁而不乱，均以回纹锦地宽带相间，唯肩、腹处留白，环青花线；海水、异兽浓淡有致，虚实相生，使画面更具立体、层次感，构图颇为独特新颖。

右

图1–39　鎏金镶嵌铜角端香薰　清

角端造型的香薰也有陶瓷烧制而绘以五彩彩釉的张口，四足直立。背饰棱脊，尾端分叉成为两缕。头上饰并排的双角，又于角上开孔以容纳异香。全器纹饰以浅雕及各种彩色嵌片作为装饰，所用嵌片有碧玉、红白玛瑙、绿松石及青金石。

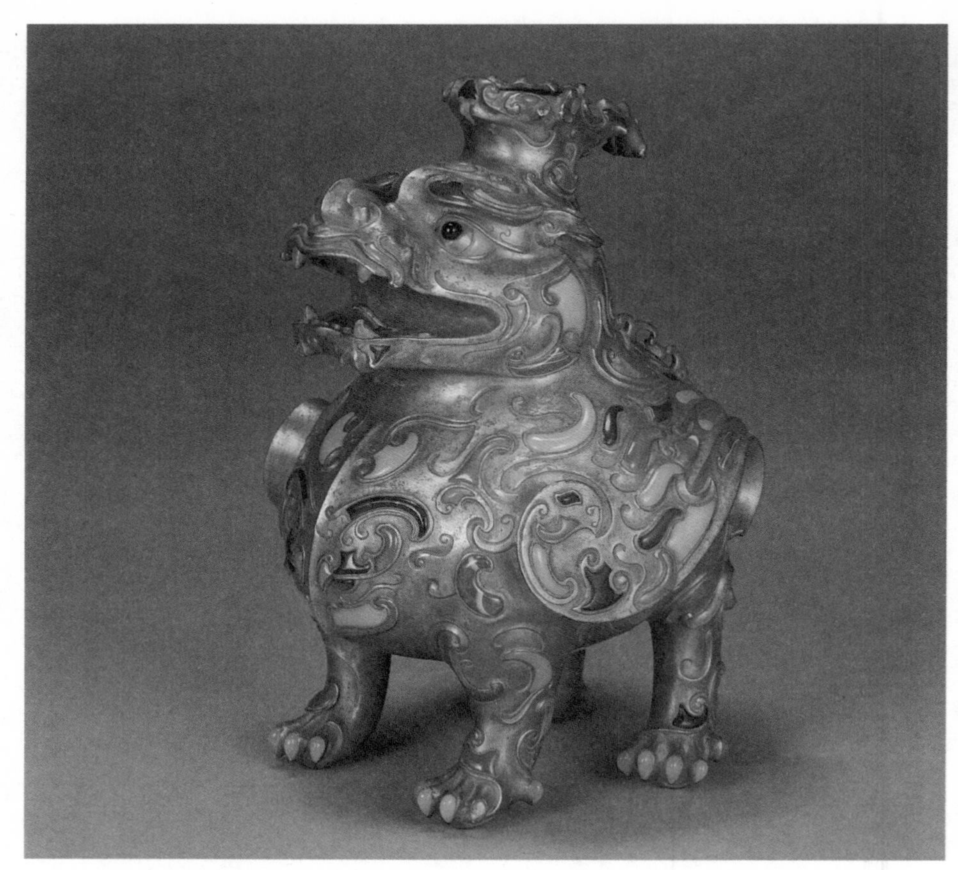

中国传统图形经过历史的演变，每个时期的图形、纹样都有它们各自的特点。旧石器时代晚期的装饰品的出现，到新时期时代的彩陶上的雷纹、鱼纹等单体几何图形，虽然造型极其简单但是为后来纹样的发展提供了参考和历史线索，有着很高的艺术成就；商周时期，装饰纹样尤其是青铜器纹饰有了很大的发展，题材更丰富，种类也日益繁多，风格趋于单纯粗犷，而且已经到达随形赋饰的精湛水准；春秋战国时期，装饰风格日渐成熟，从粗犷走向了精致，从奇特变为平实，由严肃转而奔放活跃；秦汉时期，纹饰的作用已经不仅仅是装饰了，渐渐具有一定的叙事、记录功能，图形中较多地记录完整的故事及生活场景；魏晋南北朝时期，因为佛教的流行，装饰纹样也随着文化的发展而改变，所以纹饰在这个时期以佛教图形和佛教人物为主，也被应用到大量与佛教有关的器具上作为装饰；唐朝的政治、经济、文化水平均处于领先地位，“大唐盛世”的背景使得此时期的装饰纹样偏向于热闹丰满和富贵华丽，各种精致而华美的图形层出不穷；宋元时期，装饰题材一般都会选择自然风光，鸟兽鱼虫，整体风格简洁淡雅又不失风韵，这和宋代文人墨客辈出也有着紧密的联系；明清时期，装饰纹样的发展已经趋于完善而且被平民化，充满了民俗特征，这个时期的纹样尤其追求其背后的吉祥寓意，几乎每一个图形都有其丰富的含义。总的来说，中国传统图形在发展过程中，题材日渐丰富、构图越发完美、吉祥寓意趋于浓厚、装饰手法多样、普及面也越来越广泛。

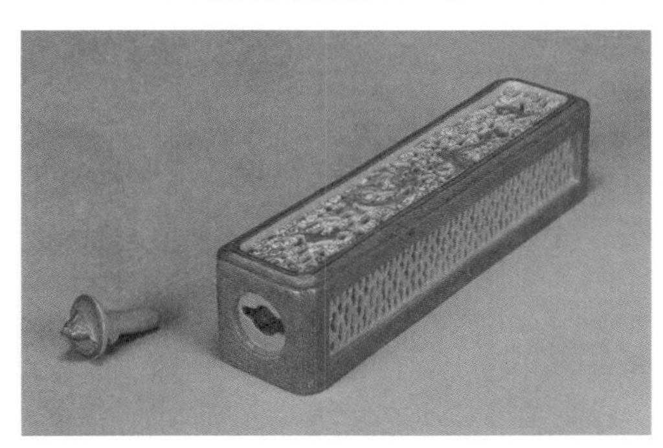

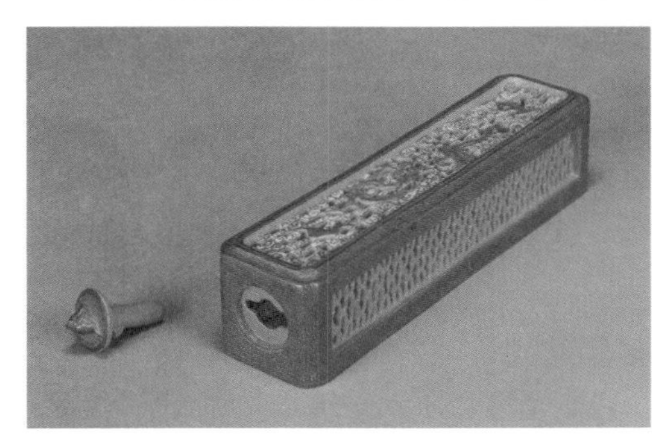

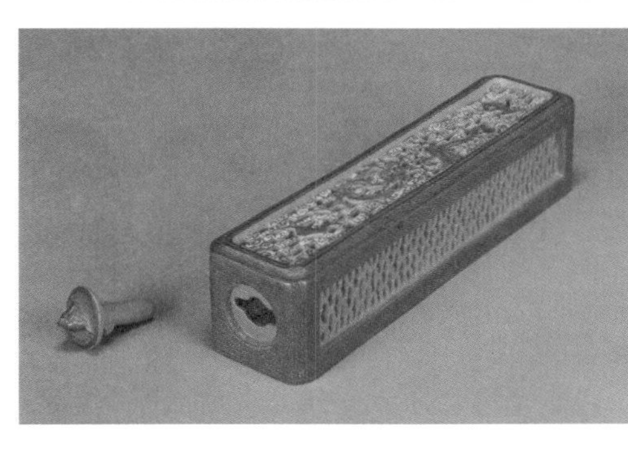

上

图1-40 剔红绳纹圆盒

清乾隆 高7.1厘米 直径15.7厘米

故宫博物院藏

中

图1-41 官窑粉彩云龙镂空长方香薰 清乾隆

长19.9厘米 宽4.9厘米 高4.8厘米

此器为长方形，器内中空，一段有塞子。平底无足。塞子的钮作蝙蝠抱桃形，平面顶盖及长管。器面镂空云龙纹一条，加饰双蝠，龙、蝠描金，云施彩色。器壁三面镂空长方格纹，面施湖绿釉，器身周边施珊瑚红釉，釉上以描金绘回纹，卷草纹及菱形锦纹。器内有一小长方块，用来架高线香，以便易燃。其作用如同筷架。

下左

图1-42 九五·十一方 琴式圆头扇

清市玉竹禹门洞

下中

图1-43 嵌象牙刻仕女 古方头 扇骨

清市玉竹开洞式

下右

图1-44 钱币嵌宋锦 古方头 扇骨

清市玉竹开洞式

东西交融，多元化发展

Eastern and Western Blending, Multicultural Development

谈及图形，总脱离不了谈及整个人类的艺术发展史。每一次艺术的革命都给图形设计注入新的生命力。

在人类漫长的发展过程中，不同的自然气候、历史背景、生活条件使人类拥有了不同的民族文化、思维习惯和语言，也使人们在交流过程中遇到很多的阻碍。在原始社会，语言还没有产生的时候，原始人类通过自己对于客观世界的主观印象，用单纯的、有象征意义的图形表达出来，有些是单纯的叙事性图像，有些是用来记数或者记录，有些是用来互相交、传达感情。他们一般都把图像记录在树皮、岩石四壁或者动物皮毛之上，在日积月累的演变中，慢慢形成稳定的图形样式。总之，原始的人类除了使用语言、声音、动作、表情以外，还使用各种原始符号来传达信息。因此，这类早期图形是最单纯、最原始的记录行为，也是图形用于视觉传达活动的最早开始。 回顾一下视觉艺术的发展历史，我们便可以看到不同时代都具有独特的视觉语言特征。作为 21 世纪视觉传播的重要形式，图形的画面构成语言源远流长，极其丰富。

壹　西方图形艺术的发展

图1-45　纳拉姆·辛石碑　两河流域

西方的图形艺术发展按空间构成的类型划分，图形的形式应用大致经历了两个时期。文艺复兴之前，对绘画和图形的处理方式是根据主题意图将形象排列在没有纵深空间关系的纯粹平面中。在这里，客观世界中沿纵深方向的前后层次关系，演化为在画面中作水平垂直、上下左右的平面层次排列关系，各层间互相避开重叠，形象之间即使有重叠也力求减弱空间的深度感。在希腊陶瓶装饰中，如人物、鸟兽等图形，均按照上下左右排成行列，各个形象之间界限森严，人物体量大小按画面需要或主次而定，器具和人物避免产生重叠。中国的青铜器、陶器、漆器上的图案也是按照均匀排布的方式，一个一个按顺序摆放，并且单独的图案之间留有空隙。这种空间表达的方式虽不能完整体现所有图案，但它是按照人的主观思想对有限的画面进行切分，使画面产生了一种人工的秩序美感。

文艺复兴时期开始后一直到后期印象派时期，这段时间内对于空间的应用更多的是“远近透视”。人们思考如何把三维空间的客观世界转化为二维的平面画面，同时又能使人们产生真实纵深的感觉。

自欧洲文艺复兴始，人们为了使空间在画面更逼真，欧洲人开始将透视学的研究成果运用在平面上，即用定向投影焦点透视方法来复制自然空间。焦点透视符合严格的教学系统和视网膜映像，被人们认为是最科学的方法。如在达·芬奇《最后的晚餐》中，室内的顶棚、窗子、桌子等物体透视线以辐射状汇集于中心，引导观者视线注意移向画中主体。透视在画面上的运用突出了主体。从此以后，在画面处理空间的历史上，透视法独霸西方几百年，但由此带来的负面则是把艺术束缚在了再现客观事物的牢笼中。艺术家们常常忽视了艺术主体的创造性力量。同时，这种空间处理方式也是将分析性、精神性绝对化的体现。

上

图1-46 希腊陶瓶

古希腊瓶画内容丰富，多为神话故事和英雄传说，神话故事画，是神话学的形象资料，反映生活面很广，诸如战争、狩猎、生产、家庭、娱乐、体育等，不一而足。它们戏剧性很强，生活气息很浓，富有人情味。生动有趣，优美典雅，表现出希腊人乐观自信的精神风貌。

下

图1-47 最后的晚餐

是意大利艺术家列奥纳多·达·芬奇所创作，是所有以这个题材创作的作品中最著名的一幅。画面中的人物，以惊恐、愤怒、怀疑、剖白等神态，以及手势、眼神和行为，都刻画得精细入微，惟妙惟肖。收藏于意大利米兰圣玛利亚德尔格契修道院。

贰　图形艺术与西方文化的交融共生

20 世纪是一个飞速发展，百花齐放的时期，各种艺术力量在反传统的基础上，呈现出千姿百态的发展变化。图形设计在各方艺术力量的推动下，步入了自由表现的境地。设计师们通过不同的心理趋向和思维角度表现自己的设计观念，在实践中广泛借鉴吸收各类艺术精华，使各种自由的设计观念和方法得到广泛的拓展和应用。

20 世纪是现代创意图形迅速发展的时期，与此同时，西方现代绘画艺术也在前进的发展。与以往比，关于自然世界的再现在 20 世纪绘画艺术中得到突破性发展。几个世纪前的西方绘画艺术多为重现真实世界，但 20 世纪之后，艺术家们开始冲出限制，在想象力的驱使下，以敏锐的观察对客观事物进入有意无意的夸张变形和再创造。在这个过程中，艺术家们除了偶尔使用抽象手法以外，其他手法也或多或少能找到与客观世界的关联性，这一特点使得任何一个来自不同阶级的人都能对同一幅画、同一尊雕塑产生自己的联想。欧洲艺术俨然已成为一种通用的表达方式，具有通用性与通识性。然而发展至 20 世纪，抽象手法在艺术家们的创作中使用得越来越多。他们经常对客观世界的反映以艺术的形式加以变形和加工，甚至演变成一种完全不在意真实世界的客观性，完全是自己主观臆想的表达方式。这种手法以大胆狂放和极致抽象而产生不同于现实世界的美感，它抛弃了客观世界的真实性，形成新的艺术方式。 希望通过这种无需言语的交流方式，发展成“环球”的艺术语言，即创立一种无国界、无地域、无风俗限制，无论东方或西方，教养与阶级都能欣赏的艺术形式。

在追求“环球”艺术语言的过程中，人们对于艺术究竟要表现什么主题产生疑问。既然可见的世界不再是艺术探索的对象，那么艺术的语言应该表达什么？如果说在过去，艺术家们对于可见的现实世界的表达，是对世界的模仿和临摹，那么现在艺术家们追求的则是超越了现实视觉可见的范围，达到超视觉的体验。这种转变一方面可能与西方近代艺术在具象范围内已发展得非常成熟有关。另一方面，西方社会在 20 世纪政治经济经历的大动荡，也是促成艺术大变化的重要相关背景。20 世纪资本主义危机大爆发，两次世界大战将人类苦心经营的文明文化摧毁殆尽。普通工人阶级不甘心被压榨群起而反之。资本主义与社会主义敌对的两大阵营，使得人们对于现实的真实客观世界灰心丧气，情绪面临狂躁边缘。无法体会到现实世界的美，艺术家们最终也只能醉心于自己创造出来的抽象世界。这是一种对现实世界不满的表现与内心狂躁的隐晦表现。从文艺复兴至 19 世纪，具象风格的画风已经达到饱和，对于现实世界的再现风格不断地循环反复，艺术家的创新思维已经难以在具象世界的领域基础上进行创造，但对于艺术的表现技巧和艺术史的积累却已经有了新的沉淀。这时候对于冲出具象艺术创作的时机已经成熟。现代科学技术的不断突破和发展，为艺术的突破创造了必要的条件和支撑。摄影技术的成熟和普及，电视电影的推广和新电子技术的发明，在一定程度上推动了具象的记录方式的发展，而对于真实世界的再现，单纯的艺术画像方式已经不能适应。这也更迫使艺术家向以科技为主的主观抽象领域迈进。从这个意义上来说，以高科技、快节奏为主导的现代生活不再满足于传统的抽象艺术。艺术绘画和雕塑寻找新的技法、新的途径和方式寻求发展。

现代艺术的发展对于图形设计直接产生重大影响，立体派艺术家通过块面的结构关系来表现体面的重叠和交错的美感，创造出独立于自然的意象化艺术空间概念。通过一个物体的不同视角的多重组合，形成新的空间概念，而不是拘泥于传统的某一个角度的空间形式，开创了空间表现形式的新方向。而未来主义艺术家则在现代工业科技的刺激下，用分解物体切割成不同体块的方式来改变传统对于物体表现的形式，将三维空间的造型艺术引入四维的时空环境，对于时间和空间造型的概念进行新创建。图形设计也受其影响，不再拘泥于静态的、程式化的表现，而是将静态物体和动态空间相结合，形成主观意念和时空组合的图形。此外，抽象主义对于改变传统的图形设计语言和表现方法提供了理论

图1-48 图1-49 西方图形设计

图1-50 图1-51 图1-52 图1-53
西方图形设计

基础和实践参照，创造出的抽象图形单纯、形式感强、简洁明快，视觉特征富象征性和装饰性，赋有鲜活的时代性。达达主义的出现则对传统审美观念和艺术造型方式进行彻底否定，而偶然性和机遇性在艺术图形创作中反而成为主体。这种看似荒诞的方式却对图形设计有了很大的启发。达达主义将看似荒诞不堪、不合常理的东西组合起来，倒是形成新的艺术形式——超现实主义。超现实主义以超越现实的，梦幻般的思维方式和自然主义的绘画方法，把突破现实的潜意识和梦境相融合，达到超越现实的能力与方式。这种梦幻的超现实主义方式，对于图形设计师起到启示作用。由此表现怪诞的与超现实的图形设计便产生了。在此后的后现代主义时期，图形的设计越加倾向于多元化的表现和发展，这对于图形设计的发展提供了更为广阔的发展空间和方向。

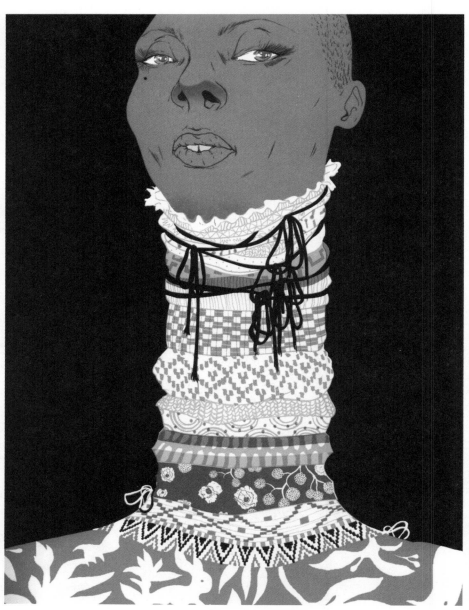

图1-54 图1-55 西方图形设计

叁 图形艺术的多元化发展

原始时期，人们就有创造符号化图形的行为，但直到近代，图形设计才被单独提出来作为视觉传达中的一门学科。造纸术使得知识的记录和传播更为便捷，印刷术的发展无形中也让视觉设计成为越来越重要的命题。中国的活字印刷运用了铅字，这种印刷方法也让图形设计走进大众视野有了新的可能。19 世纪中期，工业革命让印刷术从手工生产方式向机械化、自动化生产方式过渡。印刷技术的升级也让图形设计在传播上产生了飞跃性的变化，图形的传播媒介也有了新的发展。插画、招贴、包装等各种图形设计门类也被广泛应用在商业活动的宣传广告中，图形设计的发展进入了新的时期。

到现在，图形已经成为一种主流的信息传播形式，图形配合文字或图形浓缩信息进行传播已成风尚。甚至有“读图时代”的说法。图形在视觉设计中既能传达信息，又能表达思想和观念。视觉设计师凭借其内涵和艺术想象力设计出各式各样的图形艺术，新的图形大量出现，当今社会已然步入了信息时代，图形的个性、信息表达、视觉冲击力、图形的传播性是当今时代对图形设计提出的新要求。人们交流方式因时代进步而变化，图形创意可以说经历了四次重大的发展。

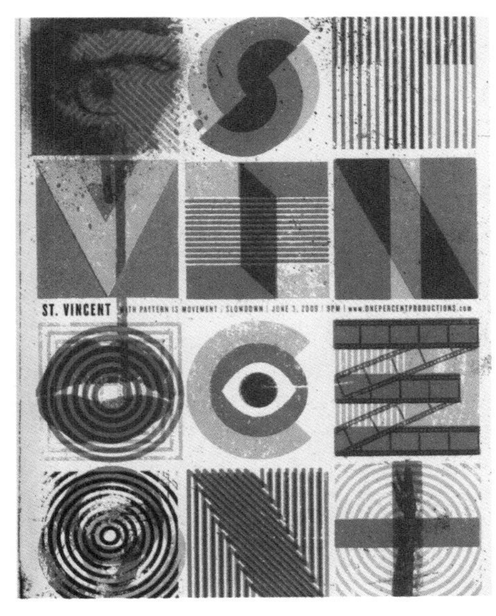

第一次重大的发展是原始的图形向文字转化。起初，人们的交流和信息记录都用写实的符号来进行，但随着社会的发展，人们交流更加频繁，高效的传播符号成了新的需求。这时候象形文字出现，象形文字在原始图形的基础上将之简化，成为人们交流的新符号。文字的产生，是人类文明阶段性进步，它把记录和传播信息的文字从图形中分出来，形成独立的系统，推动着人类社会向新的文明领域发展。

第二次重大的发展是造纸术和印刷术的发明。这两项发明使人类的信息得以在更大范围里传播。造纸术和印刷术为我国唐宋文化繁荣提供了有力支持，书法、绘画艺术在世界上独树一帜，剪纸、木刻、民间版画等古代图形艺术的发展也与这两项发明有着不可分割的关系。造纸术与印刷术传入到欧洲之后，为文艺复兴的提前到来提供了技术准备，文艺复兴时期的图形设计典型特征是艺术性与科学性的完美结合，代表人物有达·芬奇。总而言之，印刷技术的发展同时也推动了图形设计的发展，尤其是 1870 年平版印刷技术的改进革新，使得图形创意作品有了更为精美的呈现。

第三次重大发展是工业革命带来的技术革新。19 世纪，工业革命以大机器生产时代替代了传统手工业生产，这也同时带动了图形设计产业的快速发展。照相机的出现为图形设计开创新天地成了可能。1919 年包豪斯学院成立，作为现代设计教育的单位，包豪斯学院提出了“艺术与技术相统一”的口号，这使得图形创意走上了现代的道路，对现代的设计事业也产生了极其深远的影响。随着社会生产力的提升，商品经济快速发展，社会信息呈井喷之势，作为信息传播手段的现代图形有了新的舞台。如今，人类正在向信息化社会迈进，现代化的传播技术极速发展，图形创意已然成为大众获取、传播信息的重要形式。图形能使不同国度、民族、地域之间消除语言和文字的隔阂，促进世界范围内人们的交流，客观上缩短了各地区之间的距离。

第四次的重大发展则是多媒体的出现，新媒介的产生，图形设计正在经历这次发展和变革。通常来说，我们的图形多是以现实生活为设计源头，梦和幻想并未受重视。但有相当一部分的超现实主义的作者，他们的设计作品都有梦和幻想的特征，如画面里出现矛盾对立的事物、浓缩之后极为抽象的形象、极为主观的象征意义等。因此，这一类画面中的矛盾性破坏了我们对熟知的事物认知，视觉表达里忽然涌入了对象的不确定性和表达的不真实性，不过从另一角度看，这并非是矛盾，因为将这些表面无关或元素不写实的呈现，有着它本身的逻辑——这种破坏自然对应关系的行为，也正是现代主义艺术家创作时的内在逻辑结构。他们追求画面的震撼和不同寻常，同时也希望这种不同寻常能够在社会道德和政治文化层面产生一种颠覆的可能。

事物之间的相似有表面相似和内在相似两种，他们之间有可能没有任何联系。只有思维，它凭借着思维载体对外来世界的认知，使其表面相似。它其实是由客观现实给它提供表面相似的事物，随后这种“表面相似”将被“内在相似”所取代，以达到客观形象到超现实影像的转变。将两个或者两个以上的彼此分离的元素并置，从而能创造出一种新的图像，这种图像由于它与人们日常生活经验所获得的图像印象相背离，所以在视觉上能快速引人注意，这就叫做“同步性”。超现实主义绘画的构图，通常是把一种事物、躯体转化成另一种事物、躯体而变形完成的，而变形是由于超现实主义者对于客观现实有着不一样的思考层面，并在其作品中表现出来。

图形艺术语言在视觉方面表现了超现实性：它能把感性与理性、宏观与微观、自然与非自然这些看似矛盾的事物和观念融合在一起。艺术家、设计师们将人们日常生活中耳濡目染的观念或者事物，通过丰富的图形语言和高超的表现力，变形或者重新排列，创造出打破常规令人耳目一新的形象。图形艺术语言创造了一种新的“时空”，在这个新的世界里，矛盾的组合才是真实常规的存在方式，在这个“时空”里，人们可以探索比思维更广阔的领域。图形设计由于其常常表达出强烈的空间意识、拥有生动的视觉语言和诙谐的表现手法，所以，它已经成为视觉领域表达中的主力军，也是现代设计师最关注的设计方法。

图1-56 威廉·莫里斯设计的部分书籍

十九世纪英国著名的设计师——威廉·莫里斯，他设计、监制或亲手制造的家具、纺织品、花窗玻璃、壁纸以及其他各类装饰品引发了工艺美术运动，一改维多利亚时代以来的流行格调。从他所设计的书籍中也可看出工艺美术运动时期的图形设计风格。

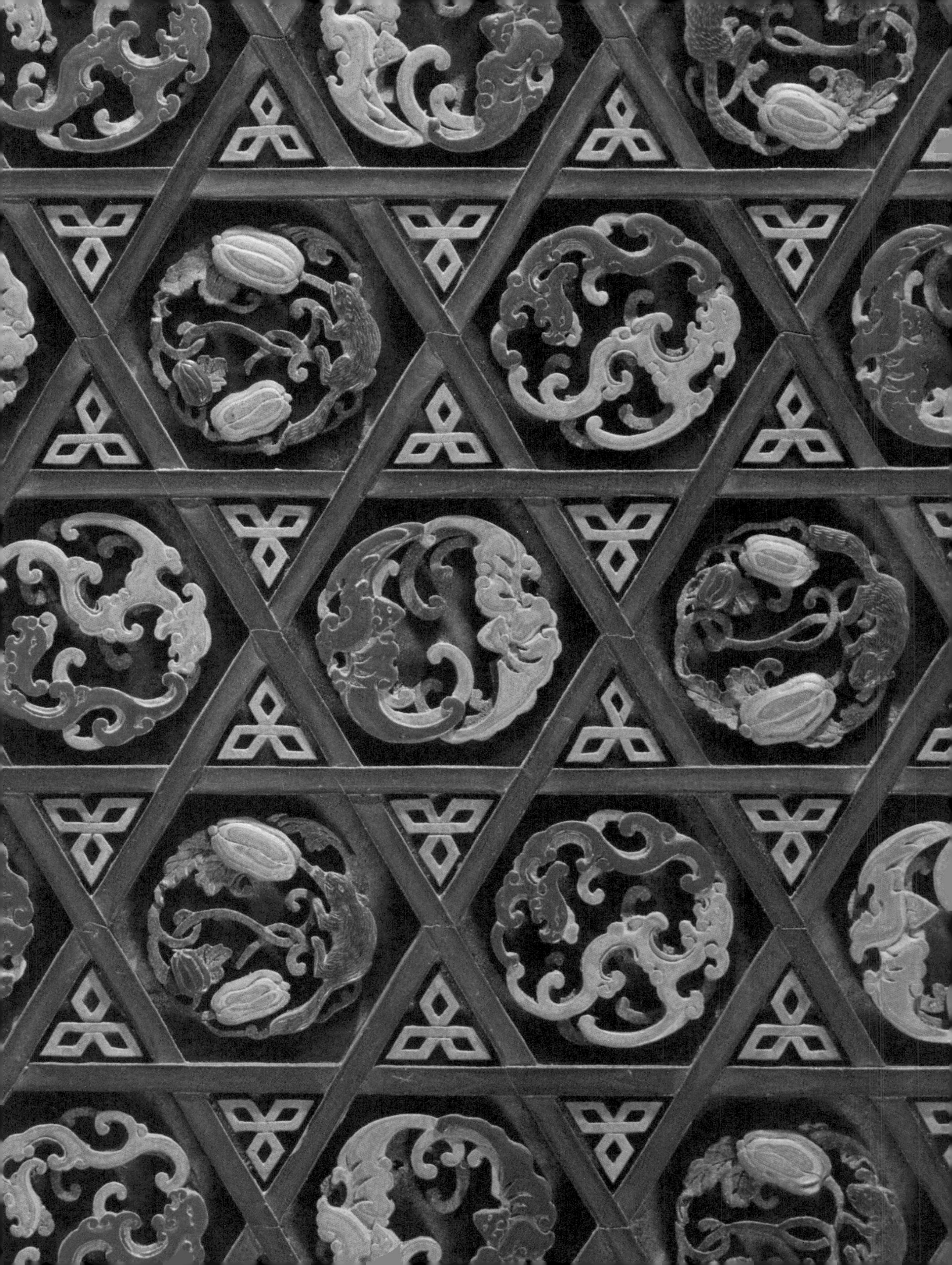

卷二

意匠深读

Conception Penetration

图像，不单是视觉符号，同时也能反映出一定时期和地域的文化思想，哲理、宇宙观和时空观。

文化读本

Cultural Texts

中华民族有着灿烂辉煌的文化，这与中华族人在漫长的物质生产实践和精神文明建设是分不开的。我国的传统图形也是人们日积月累的实践经验，上至宫廷下至民间，图形艺术发展无不是对自然社会和人类社会生产的提炼。王筠解读《说文解字》时注解：“文者，错画也，错而画之乃成文”，“文”的本义是指各色交错的纹理，而在汉语的长期演变过程中，我们逐渐开始使用“文”的引申含义，即“文字”、“文武”这样的词汇，这也说明了文化与纹饰的渊源。中国传统图形在表现、审美、造型以及制作等多方面有着丰富特征。中国传统图形是古代能工巧匠对于世间万物的概括，是民族智慧的产物。而传统图形的形成和发展与传统的意识形态和哲学观密不可分。早在原始社会开始，人类就在岩石上刻画图形，来记录自己的所见所思，表达自己的情感，也能通过这种方式达到与他人简单交流的目的。

右 图2-1 方雷氏天鼋氏徽铭 甘肃半山型马家窑文化彩陶

左 图2-2 方雷氏天鼋氏徽铭 马厂型马家窑文化

上左 图2-3 姬姓天鼋氏祖先徽铭像
晚期仰韶文化
甘肃秦安大地湾（大帝湾）411房址地画

上右 图2-4 方雷氏*天鼋氏徽铭
马厂型马家窑文化

中左 图2-5 彤鱼氏族徽
半坡型仰韶文化

中右 图2-6 彤鱼氏族徽
半坡型仰韶文化

下左 图2-7 三苗民徽铭
马家窑文化
马家窑型阳鸟模式图

下右 图2-8 三苗民徽铭
马家窑文化
马家窑型阳鸟模式图

图形可以说是对生命本体最直接、最强烈的关注，它表达了人类最原始的情感——对自然的崇拜，以及人类社会发展过程中这种信仰文化的承传与延续。所以我们现在所研究的图形，带有生命本源的色彩，同时受民间民俗和古代哲学的双重影响。

宗教是人类社会发展过程中一种特殊的文化现象，是整个人类文化不可分割的组成部分，它直接影响到人类的思想观念、行为动作等，所以，宗教传播其实就是以信仰为中心的文化交流的形式之一。而中国独特的文化所孕育出来的宗教文化——儒、释、道，作为中国人文思想的意向载体，它们渗透到中国社会的方方面面，其影响力在中国政治、经济、文化等方面普遍而深入。唐代以后，中央集权相比之前不断加强，这样的高度统一的社会更需要宗教的力量为其辅佐，所以三教合流可以说是政治发展的必要阶段；再者，当时儒、释、道三教发展逐渐强大，都有着各自相对成熟的文化体系，它们相互斗争相互融合，因此三教合流也是文化思想上的趋势。“以儒治国、以佛治心、以道治身”体现了三教合流无论对国家治理还是对个人行为规范都具有指导意义。可以说中国人文精神是由宗教思想和宗教行为构成的，宗教思想是包含了宗教传统、宗教教义以及宗教中人的世界观与宇宙观等，其本身就是一个庞杂的体系，对于普通人民大众来说接受它是有一定的难度，所以宗教思想的流传必须依托一个载体。而图形则是宗教思想具体体现的最好载体，它可以将复杂难懂的教义通过通俗形象的图形表达出来，当这种图形逐渐被大众所接受和喜爱时，宗教的教义也就更易于被普通民众所理解了。

受儒、释、道三种哲学体系的交互影响，中国传统图形中体现的不同文化互补交融，兼收并蓄，图形本身的呈现也变得更多样且和谐。“意”的表达见之于“形”，故透过中国传统纹样的形式内容，可感知那一时代人们的观念和意识。传统图形除图形本身美学特征之外，也能反映出对应时期的审美文化特征。

壹　审美与伦理相互统一

儒家思想强调审美与伦理相互统一、不可分割。重视人在社会中的关系，用图形来隐喻人的品行体现了儒家“修身”的思想，也承载了人们对于高尚人格的向往。

儒家思想中的“艺－德”学说强调了审美与伦理相互统一、不可分割，儒家美学实则都是在艺术的外衣下直指伦理及道德修养教化，所以可以说儒家思想中的艺术是伦理的艺术。在“天人、人人、人我”这些关系中尤其重视人在社会中的关系，用图形来隐喻人的品行体现了儒家“修身”的思想，也承载了人们对于高尚人格的向往。

儒家是先秦诸子百家的主要派别之一，为孔子所创，自汉武帝“罢黜百家，表章《六经》”后，儒家逐渐成为中国古代最有影响力的思想学派，并且，由于在《诗经》、《尚书》、《礼仪》、《乐经》、《周易》、《春秋》这六经中，所传达的政治观念是君权神授、君臣纲、父子纲等，这些“三纲五常”的理论能很好地为统治者所用，因此儒家也是封建统治的基础。作为中华两千多年文化主流的儒学主张“修身、齐家、治国、平天下”，推崇六德（智、信、圣、仁、义、忠）、六行（孝、友、睦、姻、任、恤）和六艺（礼、乐、射、御、书、数）的社会化教育。儒家思想作为中国封建社会思想意识的代表，一直强调审美与伦理应是相互统一、不可分割的整体，儒家鼓励人们提升自身修养，修炼个人品格，主张中庸之道，并且儒家将其道德修养的教化渗透到其美学观念的各个方面，人们将不再受到外在观念僵化强制的输入，而是受内在潜移默化的引导。这些思想都对中国传统图形的内涵产生了很大影响。

图2-9　一品清廉

一品为古代朝廷之大官，「莲花」又叫「青莲」，莲花通常比喻「清正廉洁」，民间多用一茎莲花象征「一品清廉」，希望从政者廉洁清正。

儒家重视人在社会中的关系，即儒家伦理文化中的“三纲五常”，三纲是指：君为臣纲，父为子纲，夫为妻纲；五常是指：仁、义、礼、智、信，其用于教化民众，维持社会的稳定与和谐。也就是每个人都要对自己所处的位置有一个清楚的认识，无论是君臣还是父子，只有确定了自己位置，才能去履行相对应的职责和义务。传统图形中，以凤凰、白鹤、白头、鸳鸯、燕子几种鸟类图案组合，用以比喻儒家所提倡的君臣、父子、兄弟、夫妻、朋友等关系，只有当贵贱、尊卑、长幼、亲疏各有其礼时，才能建立一个以宗法和等级为中心的理想社会；孔子将“仁”作为最高的道德准则和儒家的核心观念，倡导“志士仁人，无求生以害仁，有杀身以成仁”、“恻隐之心”、“克己复礼”等。“仁”，包括了孝、悌、忠、恕、礼、知、勇、恭、宽、信、敏、惠等内容，这也是儒家提倡的人要具备的品质。梅、兰、竹、菊四君子组合纹样分别代表了傲、幽、坚、淡的精神品质，用花草植物来隐喻人的品行，体现了儒家“修身”的思想，“修身齐家治国平天下”中，“修身”为第一位，说明高尚品格是一切的基础，也是“为人”的前提，所以植物图形的隐喻也表达了人们对于提高自我修养的愿望。明清官员官服上的补子也很好地阐述了儒家文化中审美与伦理之间的相互统一。补子是装饰在官员官服上的一块织物，是明、清时期用来区分品官等级的装饰用品，文官绣以禽类，象征文明、睿智，一品仙鹤、二品锦鸡、三品孔雀、四品云雁、五品白鹇、六品鹭鸶、七品鸂鶒、八品黄鹂、九品鹌鹑，武官绣以兽类，象征勇猛、威严，一品麒麟、二品狮子、三品豹、四品虎、五品熊罴、六品彪、七品八品犀牛、九品海马。补子用动物界的强弱对比通过强烈的视觉语言，强调了儒家的贵贱尊卑的思想，在补子这种艺术形态中，将伦理道德观体现得淋漓尽致。

贰　图形元素的东方演化

当佛与儒家学说相互吸收与兼容，经过长期在中国的适合性转化，佛教具有了鲜明的中国文化特色，并在中国的土地上立足扎根。

当佛教经过长期在中国的本土化转化，并与儒家学说相互吸引且兼容并蓄之后，佛教便具有了鲜明的中国文化特色，并在中国的土地上立足扎根，并且由于传入时间的不同、中国地域的广阔和各地不同的文化、风俗等，逐渐形成了三个大系：汉语系的汉地佛教、藏语系的藏传佛教以及巴利语系的云南地区上座部佛教。

“释”是乔达摩悉达多在古印度创立的佛教，乔达摩悉达多又被称为“释迦牟尼”，因此佛教又被称为释教。佛家思想由西域（即现今中国新疆及甘肃一带）传入我国内地，是对我国文化影响最大的外来宗教。释迦牟尼与孔子生活的年代大致相同，当佛教传入我国时，正值儒家学说成为中华文化之正统，两者相互吸收与兼容。在汉代时，佛教强调应报四重恩——父母恩、众生恩、国王恩、三宝恩，与儒家传统的“三纲五常”相对吻合，所以，在汉末时儒家与佛家已经相对达成了统一，在后期的发展中，佛家在中国经历了长期的适应与调整，终于立足于中国本土文化，形成具有鲜明特色的中国佛教。佛教的广为流传除了其自身对于中国文化的适应性改变，还有一点原因是佛教中明心见性、修行觉悟、普度众生的宗旨与中国人祈求得到保佑、福泽后世的心理相吻合，因此得到许多民众的信任和支持。如今与佛教相关的文化已融入了我们的生活，如汉语中“觉悟”、“缘分”、“三生有幸”等词语，均来自于佛教佛经，“放下屠刀，立地成佛”等佛教诲语也在人们的日常谈话中经常出现，仓央嘉措细腻真挚的诗歌也在民间广为流传，供老百姓贸易交流的庙会也是为庆祝重要的宗教节日。佛教的思想是基于缘起论、平等观提出的，它无时间限制，无身份地位限制，也无空间限制。平等观是佛教众多理念中最为人们称颂并信奉的理念。平等观认为众生平等，人种善因便得善果，最终得以成佛。故佛教提倡人们彼此包容、宽怀。平等观是在缘起论的基础上形成的，平等观认为和平来自众生平等，无论强弱贫富，彼此都是平等的。因此佛教以慈悲为怀，提倡人们彼此宽容、互相谅解。

中国绘画艺术的成就与佛教密不可分，被称为画家四祖的顾恺之、陆探微、张僧繇和吴道子都以画佛像而著名。如来、菩萨和罗汉是佛教崇拜的三级偶像，围绕他们而衍生出的一系列与佛教相关的神话故事中，出现了具有浓厚佛教色彩的事物，如摩尼珠、经幢、菩提、莲花、五色鹿等。佛教图形主要指装饰寺庙、衣物和宝器等佛教器物的图形，发源于印度的佛教如果想在中国得到发展，在图形上就必须按照中国的审美方式进行改化。所以，印度的佛教艺术在经过中国本土艺术家及民间能工巧匠的学习、吸收和改造之后，就逐渐形成扎根于中国传统文化。且更容易被民众接受并传播的佛教艺术。“法螺、法轮、宝伞、华盖、莲花、宝瓶、金鱼、盘长”是佛教活动中常用的八种法器，又被称为“八吉祥”或“八宝”，有佛法无边，普度众生之意。法螺代表佛音，预示妙音和吉祥，借法螺悠扬的声音来比喻释迦牟尼说法的妙音；佛法圆轮的法轮代表了大法圆轮万劫不息、破除邪恶之意；宝伞本身可张可合、曲面伞盖有遮挡之用，因此有用伞荫庇护众生的意思；

上

图2-10 佛教八吉祥

象征佛教威力的八种物象。由八种识智即眼、耳、鼻、音、心、身、意、藏所感悟显现。描绘成八种图案纹饰。作为佛教艺术的装饰。清代乾隆时期又将这八种纹饰制成立体造型的陈设品。常与寺庙中供器一起陈放。八吉祥简称轮、螺、伞、盖、花、罐、鱼、长。

下

图2-11 刻花金铛 唐

高3-4厘米 口径10.7厘米

现藏陕西省博物馆

酒器。金质。敞口，圜底，单柄，三足。内底饰一浮雕海兽，外围一周变形绳纹；外壁饰十条斜曲突棱，分壁为九斜格，格内分别饰蔓草、鸳鸯等图案，地饰鱼子纹；足上部为蛇头，蛇嘴伸出一兽爪，组成铛足；柄作张嘴龙头状。构思新颖，形式多变，给人以生动活泼之感。

华盖代表覆盖万物，净化一切，因此可以驱除病痛；莲花代表纯洁，出淤泥而不染；宝瓶代表福智圆满，具完无漏，因此有成功的意思；金鱼象征着健康无恙，坚固活泼；因为我们的心灵无时无刻不在动势之中，而每一次变化都是不同程度的冒险，金鱼则表达了万千变化之后的安然无恙；盘长，又称吉祥结，代表了回环贯彻、一切通明，在佛教中有佛法轮回贯彻之意，也包含了永恒、长寿的祝福。如意是佛教器物之一，和尚在宣讲佛经之时会手持如意，将经文记录在如意上以免遗忘。从外形上看，如意纹是云纹与灵芝的结合体，它的基本形状是头部有两个类似灵芝向内弯曲的曲线，下方用云纹的轮廓线相连接，有一种曲折、回转的美感，并借喻“称心”、“如意”之意。除此之外，以佛经故事为主要题材的飞天、藻井图案、背光图案、洞窟装饰、寺院建筑装饰等，都是极具佛教特色的装饰图案，比如敦煌壁画和造像中所表现的纹样和图案都细致入微、精美绝伦，具有极强的感染力，并被作为艺术典范流传至今。还有经由丝绸之路传入的纹饰，如：忍冬蔓车、石榴蔓草、连珠纹、海兽葡萄等异国的纹样。卷草纹在唐代极为流行，日本人曾将唐代卷草纹称作“唐卷草”，它是一种在现实花草形态基础上图案化的变形，整体柔美细腻。在汉代，卷草纹便已具雏形，流行于魏晋南北朝时期盛行的忍冬纹，到唐代演变成为明确可见的叶子和藤蔓，发展成为中国独有的卷草纹。卷草纹样进一步发展，成为唐代的特色纹样之一。唐代卷草纹枝条呈波状卷曲，线条多为流畅的弧线，形式优美。唐卷草造型饱满，图形变化丰富，富有韵律，被大量运用在器物的装饰中。这些都是典型的外来图形东方演化的案例。

叁　哲学审美的图形寓意

“人法地，地法天，天法道，道法自然”指出了人与自然的密切联系，人顺应自然，才能达到天人合一的境界。

“人法地，地法天，天法道，道法自然”语出老子的《道德经》，是道教极其重要的哲学观点，将天、人、地的关系进行了高度概括，并给出了受之于整个人类社会、自然社会甚至整个宇宙的方法论。

道家是诸子百家中一门极其重要的哲学门派，以“道”为核心，认为天道无为，对中国文化甚至世界文化都产生了重要影响。中国传统政治、法律制度和传统军事思想主要受道家“黄老派”（“黄”即黄帝，“老”即老子）的影响，而在文学艺术方面，道家哲学思想对其影响甚至超过了儒家和释家，中国水墨艺术中的留白之美、传统书法中的“逆锋落笔”以及传统园林建筑中的曲径通幽，都是道家审美文化中对于自然美的追求。魏晋南北朝以后，老庄学说成为道家正统，主张清虚自守、齐物而侍，清静无为，这种思想也成为许多文人雅士的精神寄托，如李白“十五游神仙，神游未曾歇”、“白云见我去，亦为我飞翻”中的仙气；

图2-12　道八仙

八仙是汉族民间传说中广为流传的道教八位神仙。八仙之名，明代以前说法不一，有汉代八仙、唐代八仙、宋元八仙，所列神仙各不相同。至明代吴元泰《东游记》始定为：铁拐李(李玄)、汉钟离(钟离权)、张果老、蓝采和、何仙姑、吕洞宾(吕岩)、韩湘子、曹国舅(曹景休)。据著名学者华轩居士考证，北宋中期应铁拐李之邀在石笋山聚会时始有八仙之说。后有八仙过海，各显神通名言。

如苏轼“纵意所如，触手成春”、“惟江上之清风，与山间之明月，耳得之而为声，目遇之而成色”中的顺其自然。道家思想中，“道”是宇宙的主宰，它生于天地万物之间，无所不包又无所不在，老子认为“道生一，一生二，二生三，三生万物”，一为太极，二为阴阳，三为阴阳结合，万物即世间所有。万物负阴而抱阳，生生相息衍生万物。“太极图”据传是宋朝道士所陈抟传出，原名“无极图”，“太极阴阳图”揭示了宇宙的运动规律，动的状态能产生阳气，动的状态持续到一定程度便会转换到静止状态，静的状态能产生阴气，一静一动，一阴一阳，运转于无穷。道教中也有“道教八宝”，为古代神话传说中八仙所持的八种法宝纹图。八仙皆由凡人修炼得道，分别代表着男、女、老、少、富、贵、贫、贱，是普通百姓的缩影。他们手中的八宝分别是汉钟离的芭蕉扇、张果老的渔鼓、韩湘子的花篮、铁拐李的葫芦、蓝采和的箫、吕洞宾的宝剑、曹国舅的笏板和何仙姑的荷花。道家八宝与佛家功用大同小异，但体现了道、释两家不同的哲学思想与境界追求。每种道家法物均体现了道教的中心观念，如芭蕉扇可以起死回生，渔鼓能占卜凶吉，花篮能广通神明，葫芦能救济众生，箫能使万物滋生，宝剑能镇邪除魔，笏板可净化环境，荷花则能修身养性。

从汉代出土的器物纹样中经常出现“羽人”的形象，以及武帝对于长生不死的渴求和当时掀起的求仙热潮可以看出汉文化极注重神仙方术，方术是道术的前身，方指方技，是研究生命的学问，包括医药、房中、炼丹等；术是数术，包括天文、历法、占卜、相术等。方术有两种意思， 方，道也，一是指古代治道的方法。二是指中国古代用通过对特殊自然景观的判断与五行阴阳说的结合，来预测人或者国家的前途、祸福、气数命运等技术的总称。一般认为，道家有追求养生修炼而达到长寿不死的思想，即追求羽化成仙、长生不老的境界，跟中华民族求善和求长生的愿望一致，如“福如东海，寿比南山”的吉祥语及“五福捧寿”等图形，都与道家求长生的思想有着共同的精神内核。“长生不老”图为落花生纹样，落花生俗称“长生果”，它的根须结实，果实累累，因此有长生不老之意；“五福捧寿”是用蝙蝠、寿字和祥云组成的纹样，主体是五只蝙蝠围绕着一个“寿”字或者“桃子”，蝙蝠取谐音“福”，寓示多福多寿。统治者和贵族都希望能够长生不老和福寿延年，秦始皇、汉武帝、唐太宗等历代皇帝都不曾停止对于永生的追求，其中汉武帝尤甚，他们认为这样便可以永享

图2-13　青花八卦炉　万历窑　明　长12.8厘米　宽13.7厘米

外口沿下有风纹，双圈，腹节八卦，加饰朵云，底边波涛纹，三足加饰兽面纹。八卦为八个基本卦。

八卦纹为典型的瓷器装饰图案之一。以八组各不相同的，由短线符号组成代表《周易》中的乾、兑、离、震、巽、坎、艮、坤八种图形。相传伏羲创八卦图，八卦分据八方，居中的则为太极图。《易传》认为八卦象征天、地、雷、风、水、火、山、泽八种自然现象。

奢华的生活，或是成仙登天，过上神仙逍遥的日子，他们用图案寄托了自己的殷切盼望，虽然带有封建迷信的思想，却也表达了人们对于美好生活的追求与向往。

自然有其运转的规律，四季寒暑、万物生长衰败，无一不体现着世界处于无尽的运动中，生生不息。“道法自然”中的自然不仅仅是指自然界中的自然，更是“道”本身，道法自然就是无为。同时也表达了道家尚柔弱，认为“天下之至柔，驰骋天下之至坚”，“柔者，道之刚也；弱者，道之强也”，自然中的花、鸟、虫、兽虽看起来柔弱不堪，却是生命的象征，在装饰图案中代表了活力与希望，体现了自然之美与生活之美，如古代表示吉祥寓意的忍冬纹，忍冬是一种植物，又名金银花，是卷草的一种，因为它能抵抗严寒的冬天而不凋谢，所以得名忍冬，忍冬纹卷曲繁复，排列整齐，充满了生机也象征着延年益寿的吉祥含义，在佛教中也用来比喻人灵魂的不灭与生命的轮回。天人合一意味着要将人性解放出来，重新归于自然之中，于是“自由”也是道家思想的组成部分，庄子在《逍遥游》中说：“至人无已，神人无功，圣人无名。”。“唯吾知足”是文字图形，四个字共用中间一个口字，呈逆时针旋转，这个图形颂扬了一种逍遥、乐观的人生观，只有恢复自己的自然本性，不被物质所捆绑，才能够知足常乐。

中国的劳动人民从生活里各式各样的形象中分别找出其特殊性，又从特殊性中总结出事物的普遍性，从而认识世界，了解这个宇宙的普遍规律。例如人类从最开始的对于日、月、星辰的崇拜到后来对天文知识的逐步了解，都是人类从实践中认识自然、改造自然。

人类社会在早期使用工具的阶段，便已在工具上施加纹饰，并以原始的想象和朴拙的手法装饰自身和生活环境，人类的这种装饰本能历时悠久，也未有间断。古代社会有各色生活器物，如陶器、青铜器、金银器皿、玉器、建筑和染织品等，透过器物上丰富的图形符号，也能见之当时社会生活的一隅景象，器物本身也是一种图形符号，加之以平面的图形纹饰，内涵则更加丰富。图形象征着人们的心理活动和情感，如彩陶上的鱼纹、鸟纹、鹿纹、凤鸟纹、龟蛙纹、蝉纹等，都是某一时期民俗生活的象征。原始时期的半坡人常沿河居住，以采集狩猎为生活来源，因此经常看见半坡时期的彩陶上印有鱼纹，这是当时半坡人对自然的崇拜和追求美好生活的图形符号。商代青铜器物较多，多以动物纹、几何纹进行装饰，这代表了一种统治的威严，是帝神的象征。饕餮纹是青铜器上最常见的纹饰之一，其融合了各种猛兽的特征，具有浓厚的神秘主义色彩，彰显着王权的威严。至周代，青铜器多饰有极具韵律之美的环带纹、重环纹及鸟纹等，纹饰的造型越发抽象，且图案化特征明显，内涵更加丰富。还有汉代瓦当上的四神、翼虎、鸟兽、昆虫、植物、云纹以及动物，生动地传达出当代盛行的思想文化。图像作为视觉符号，它也能反映出一定时期和地域的文化思想，如太极中的阴阳、易经中的八卦都有动静结合的思想，追求一种互相转化又互相统一的和谐之美、天人合一的自然观念；比如佛教中地莲花形象，寓意为出淤泥而不染，是圣洁超脱红尘的象征。对中国传统图形艺术文化的解读有益于我国现代图形设计的发展，丰富的民族图形装饰文化给当代设计师提供了丰富的创作素材和灵感源泉。新的观念与科学技术也为传统图形的再创作有了新的可能，将传统的内容通过设计手段将其再生，从而服务于现代设计。在充分理解传统图形背后内涵的基础上，取其图形的精华，延续图形的意义，传达图形背后的文化。

吉祥巧意

Ethnical Blessings

吉祥图案是民间民俗积淀的产物，同时也是民族精神、民族性格和民族意志的反映，它具有较强的感召力，人们可以通过这些图形感受到民族的存在感和活力，从而得到精神的鼓舞。

古老的中国是世界文明的发源地，悠久的历史和深厚的文化沉淀是先祖留给我们的巨大宝藏，中国传统吉祥图案便是这宝藏中最美、最绚烂的一部分。中国吉祥图案的创作观念还发端于人们普遍的“求吉”心理，驱邪避灾、纳福招财、祈子延寿是中国人一致的精神追求，这种趋利避害的心愿一直伴随着人们的生产与生活，人类永恒的生存需要及祈福避灾的意愿使得吉祥图案在艺术形态上呈现出十分丰富的特征。这些图形巧妙地运用人物、走兽、花鸟、日月星辰、风雨雷电、文字等，以神话传说、民间谚语、戏剧故事为题材，通过借喻、比拟、双关、谐音、象征等手法，创造出图形与吉祥寓意完美结合的艺术形式。我们把这种具有历史渊源、富于民间特色，又蕴涵吉祥企盼的图形称之为中国传统吉祥图案。吉祥图案既有美好的寓意，也包含了各个时代、各个阶层的人们对真善美的向往，这也是整个中华民族所共同追求的。

早在远古时代和图腾崇拜时期，先民们就对神秘莫测的宇宙万象和诸多的飞禽走兽、花鸟虫鱼等动植物的形状与生活特性充满了幻想与猜测，对自然的畏惧与崇拜使人类渴望安全感，祈福求安的图形符号由此诞生。原始社会彩陶工艺上的动物纹、人面鱼纹等都带有人敬天神、人仰混沌的意味，这种图腾文化，虽然还不能真正意义上被称为人们主观能动所创造的装饰吉祥图案，但客观上奠定了传统吉祥图案的发展基础，将其定义在了人文艺术的范畴之内。新石器时期的彩陶、石雕、玉刻中先后出现了各种形象，如龙、凤、龟、鸟等，以及云纹、水波纹、回纹等纹饰亦最先出现。殷商、西周、春秋战国时期，真正意义上的吉祥图案在阶级社会中得以产生，因为在阶级社会，人们的意识形态发生了巨大的变化，封建统治阶级渴望长生不老、羽化登仙、皇权永固，希望借由有吉祥寓意的图形来保佑自己的平安和成功。同时，伴随着工艺水平的突飞猛进，丰富的思想内容得以通过客观形式表现出来，在造物中使用吉祥纹饰成为惯例，例如青铜器、漆器上的饕餮纹、夔龙纹、鸟纹、象纹等各种纹饰，让人不禁感受到那个特定时代凝重典雅又神秘古老的精神内涵。秦汉时期佛教传入中国，佛教中的因果报应、道教中的长生不老、儒教中的阴阳五行有所融合，再加上神话传说，极大地充实了吉祥图案的题材，并广泛地应用于建筑、雕塑和民俗艺术中，丰富的吉祥语言开始出现。例如在汉代织锦上已经出现不少吉祥图案，有“万事如意”锦、“延年益寿大益子孙”锦等，此时传统吉祥图案中的福、禄、寿、喜图案已经逐渐开始成形。隋唐宋元时期，吉祥图案日臻完善，逐渐普及，尤其是在宋元时期，吉祥图案被广泛应用于建筑彩画、陶瓷、刺绣、织物、漆器上，此时的吉祥图案进入了发展的高度普及期，甚至到了“图必吉祥”的地步。明清时期至现代，吉祥图案开始走向成熟，“一句吉语一图案”已得到社会的普遍认可，此时的图案形式更加丰富多彩，并施用图案技法加以表现，使吉祥图案更趋成熟完美。吉祥图、吉祥物、吉祥语的流传更为深远，对社会文化的影响逐步加深。这些吉祥图案不仅是民间民俗的产物，更是民族精神、民族性格、民族意志在艺术中的体现，它具有强大的号召力和感化力，人们可以通过这些图形感受到民族的存在感和活力，从而得到精神的鼓舞。

左上 图2-14 十二辰四神纹镜

左下 图2-15 双鱼纹镜

右 图2-16 卷体夔纹簋

左上 图2-17 图2-18 河北民间剪纸

左下 图2-19 剔彩龙凤集福盘

右 图2-20 招财进宝

壹 吉祥画字

将寓意吉祥的汉字直接变化成图案，或以文字陪衬其他借喻的动、植物图案等。

自远古时期，人们对大自然和其他不可抗力所带来对灾害的惧怕、对战乱生活的苦不堪言等，在主观上并没有太多能力去抵御改善上述遭遇的本质，但是在意识上会自然而然产生一种趋利避害的心理，进而逐渐演变成吉祥心理意识，在其驱动下逐步衍化、创造了相应的吉祥符号，吉祥文字就是其中的一种。汉字古老而漫长的发展历史和其本身隶属于不单纯表示语音的表意文字的特性，为吉祥文字的蓬勃发展奠定了先决条件。

从汉代时期用以装饰的字词之中，如“千秋万岁”、“长寿无极”等，可以看出祈求延年益寿的这种对生命的崇拜尊敬之情，是吉祥文字中所涵盖的最为初始和朴素的寓意，是以文字表达吉祥意识的开始。

文字类的吉祥图形主要以文字为基本型进行演变，其构成形式大致可以分为两类，首先第一种，是文字本身与物象进行结合，如喜、寿、福等文字，人们将其他与文字表意相似或相关的具体物象图形融入其中与之结合，字中有画，字画结合，使吉祥文字的表现更加栩栩如生。因其本身所代表的含义充满吉祥寓意，因此也是人们喜闻乐见的。还有第二种，是笔画与架构的共用或结合。这种单纯文字型的吉祥图形通常将字体变形，或是让文字的笔画按一定规则排序以得到秩序感，也有在笔画之间用纹样相连接。较为常见的纯文字吉祥图案有“黄金万两”“招财进宝”、“日日有财见”等；再如团寿纹、团福纹、团喜纹等，图案的外围形成一个圆圈；还有百寿图、百福图等，用不同时期、不同写法的一个字构成丰富的画面。

上

图2-21 囍

运用不同寓意的元素与「囍」字结合，传递出不同内容的愿景。

中

图2-22 福寿

下

图2-23 恭贺新年

结合新年的景象以及新年相关的元素与文字结合，传递一种新的语言。

贰 谐音巧用

以相同或相近的读音借喻，表达吉祥的事物。

早在古代，先人们就似乎洞察了图形表达更为直接、直观的优势，会将自己的愿望以图形的方式描绘；同时，在汉语言文化中，多个含义不同的文字往往会对应同一个读音，或者有极为相似的读音，这为谐音图形的多样性发展提供了广阔的空间。通过谐音借喻方式所呈现的传统吉祥图形既有着我国古代人民最为质朴的愿景与情感，同时也为现代图形设计发展提供了源泉。

在我国朝代更迭频繁多战乱流离的时期，老百姓们渴望拥有平安稳定的生活环境，于是他们将这种愿望以"四季平安"的吉祥图案来呈现，取四季皆开花的月季和与平字谐音的瓶，来构成图案的最主体核心部分；有些谐音图形中所选用的物象，其主体本身特有的属性会与谐音图案的主旨不谋而合。在"太平有象"中所选取的大象这一事物，本身就有力量、稳固、安定的特性，与图形整体所想传递的祈求国家社稷稳固，社会生活平安有序之意互相呼应。

再比如，蝙蝠和鱼都是真实存在的动物，作为吉祥物用在了装饰纹样中。蝙蝠本身的形象并不具有美感，但与"福"、"富"谐音，于是先人们运用丰富的想象力和艺术手法，将卷草纹、云纹融入蝙蝠纹中，使蝙蝠纹在保留特色的基础上更加美观与富有艺术特色。用鱼作为装饰图案可以追溯至原始时期，许多工艺品如彩陶、骨刻、玉雕中都能见到鱼纹，鱼的造型灵动优美，又因鱼通"余"，代表了生活富余和幸福美满，老百姓渴望过上富庶美好的生活，因此也对鱼纹喜爱有加，将其广泛应用于吉祥图形的创作中。常见的有"吉庆有余"、"连年有余"等。

上　图2-24　黄地红蝠金彩团寿字渣斗

中　图2-25　黑漆描金莲蝠纹梅花式盘　清　盘心随形开光，内饰五蝠莲花纹。盘边五开光，分饰莲花、玉磬纹，外壁亦饰缠枝莲及蝙蝠纹。

下左　图2-26　斗彩龙凤纹盘　清　龙凤纹为一种典型的瓷器装饰纹样，描绘龙与凤相对飞舞的画面，故名。龙为鳞虫之长，凤为百鸟之王，都是祥瑞之物。龙凤相配便呈吉祥，习称「龙凤呈祥纹」。

下中　图2-27　粉彩绿地五蝠捧寿盘　清　光绪

下右　图2-28　红蝠金彩团寿盘　清

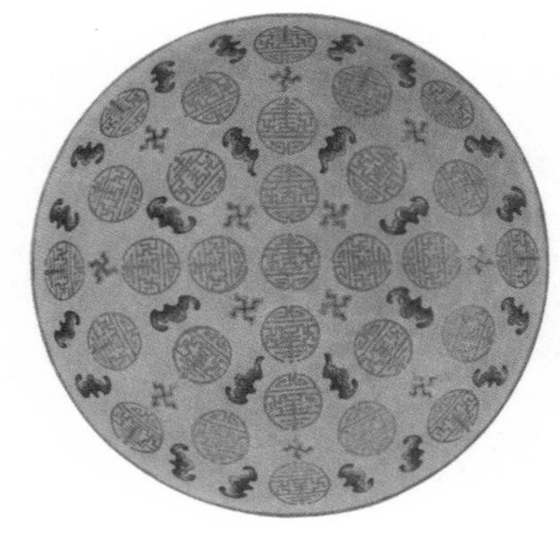

图2-29 青花鱼莲纹盘 明嘉靖
圈栏内绘莲池游鱼图，两尾游鱼潜游于飘浮的水草与盛开的莲花之间，鱼莲纹刻画得精美生动，既有天然意趣，又富装饰美感。

图2-30 青花云凤纹盘 清光绪
主体纹饰飞凤一对于流云之间，线条收放自如，纹饰布局丰满，图案刻画细腻。

图2-31 青花鱼纹盘 元
鱼纹是我国传统的工艺装饰题材，由于「鱼」「余」谐音，因而民间有「连年有余（鱼）」、「宝贵有余」等吉语。

图2-32 青花鸳鸯莲花纹盘 元
内沿面环绕锦纹。内壁饰串枝花一周，六朵仰覆牡丹相间缀于曲折的枝茎上。盘心绘鸳鸯戏莲主题纹饰，并蒂莲竖向环置，一对鸳鸯戏于其间。盘外壁亦以串枝牡丹环绕，与内壁纹样相对应。

图2-33 粉彩缠枝花卉蝠寿纹多孔盘 清道光
除蝠寿纹以外，以粉彩描金绘缠枝西番莲纹为中西结合的产物，殊为珍贵。

图2-34 黄地粉彩五蝠捧寿盘
此盘纹样由五只蝙蝠围着寿字或围着桃子构成，寓意多福多寿。蝙蝠之蝠与福字同音，故以五蝠代表五福。五蝠常常围一寿字，习俗称「五福捧寿」。

叁 吉祥借喻

依据事物的特性，用借喻的方式，表达人们对美好事物的向往与期愿。

飞禽走兽，花鸟鱼虫，山河海景，众生众相。不同类别的事物都分别有着其自身独有的属性与特征，这为先人们的各种途径方式文化艺术创作活动提供了灵感来源与原始素材，吉祥图案也不例外。人们借用不同物象所包含的寓意将其融入吉祥图案的创作之中，使得主观情感意愿的表达更为直接可观。根据不同类别事物的特点，可分为以下几类。

首先是灵神瑞兽类。此类别的吉祥图形的物象多以经过漫长历史发展的民间神话传说故事中的祥瑞神兽为主，其中以“四灵”——麟、凤、龟、龙居多。其中麒麟是我国古代传说中的神奇动物，雄性称麒，雌性称麟，据说麒麟是由岁星散开而生成的，主祥瑞。汉代许慎在《说文解字》中有“麒，仁兽也，麋身牛尾一角；麐（麟），牝麒也。”由此我们得知麒麟与鹿相似，有独角，全身布满鳞甲，尾部则像牛。南北朝时，人们疼爱聪慧仁厚的孩子，常称呼为自家孩子为“麒麟”或者“麒儿”。对于百姓来说，麒麟是送子神物，因此“麒麟送子”也是十分受人们喜爱的吉祥图案。麒麟送子的图形主要以童子为中心，童子戴着长命锁骑坐在一麒麟背部，手中持莲花，怀中抱笙，身后有一群仕女护送；再如四方之神，青龙、白虎、朱雀、玄武在古代神话中分别代表东、西、南、北四个方向，经道教演变后成为护卫神灵的四方之神，他们的颜色来自于五行学说中各个方位的代表色，东为青色，西为白色，南为黄色，北为黑色。传说四个神兽威猛无比，有惩恶扬善、降服鬼物、辟邪消灾的能力，因此无论是皇亲贵族还是平民百姓，都乐于使用带有四方之神图案的器物，以祈福消灾和保佑自己的平安。

其次是日常动物类。大自然中不同动物的生活习性、外形特征等特质同样可以作为吉祥图形创作的借鉴。如自古以来被千千万万文人墨客与艺术家提及的鸳鸯就是其中之一，它古称匹鸟，因为一对鸳鸯在一生中不离不弃，所以被看成是夫妻恩爱的典范，鸳鸯的羽毛颜色艳丽，在图案中常与荷花、水波等构成场景出现，两只鸳鸯或是相互依偎，或是回首期盼，表达了人们对于美好爱情和真挚情感的向往，而蝴蝶与鸳鸯相似，同样呈现了男男女女对圆满爱情的渴望和双宿双栖的愿望；以仙鹤为主体的吉祥图案既有着延年益寿，健康长寿的吉祥寓意，又有着“一品鸟”的美名，尤其是在明清时期是被视为品德高尚、忠贞清廉的象征。

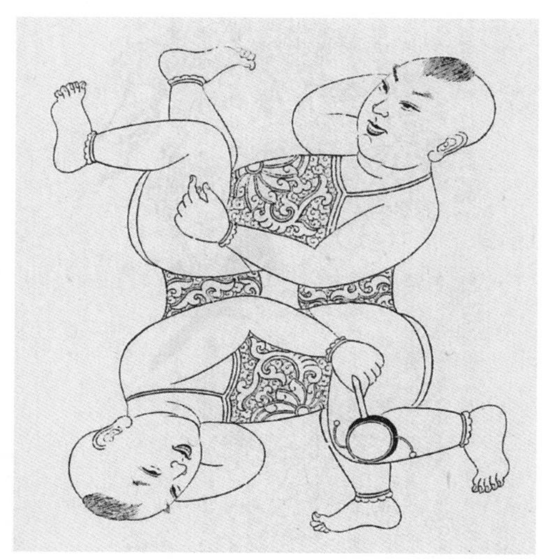

上 图2-35 四喜人 在静态中，通过孩童腿脚的屈伸，给人以动态之美。无论是上是下，是左是右，你从哪个角度观赏，孩童或立或卧，或背或对，相互构成四个完整的戏耍孩童。

下 图2-36 红纱地刺绣龙凤双喜图帘 龙凤纹样是中华民族纹饰中最具有代表性的形象符号，是美妙的艺术形象，它构成我国文化史上历时最长、应用最广、民俗功能最多、民间性最强的文化长链。「龙凤文化」共同创造了中国古代文明。「龙为鳞虫之长，凤为百鸟之王」。

上左 图2-37 五子登科
上右 图2-38 月月生金
中 图2-39 招财童子
下左 图2-40 麒麟送子
下右 图2-41 居家欢乐

再有自然植物类。自然植物类事物在不同时期的生长过程中经历的发芽、成长、开花、结果等阶段的特征也多番被借以言喻吉祥，如“岁寒三友”中对坚韧不拔、高洁傲骨向往的表达、借松树寓意长寿健康、以石榴果实寓意多子等。瓜果纹是以植物果实为主题的装饰纹样，最早始于唐代，常见的瓜果纹有石榴纹、葡萄纹、荔枝纹、枇杷纹等。石榴原产波斯一带地区，随着佛教进入了我国，因此在装饰纹样中带着宗教色彩，佛教中的石榴常与棕榈和莲花搭配在一起，象征平安和夫妻恩爱；在民间，石榴又被称为祥瑞之果，密集的石榴籽寓示着多子多福，红色的石榴代表了红红火火的日子，又因宋代人用裂开的石榴果实占卜科考上榜人数，“榴实登科”又有着金榜题名的寓意。葡萄与石榴一样来自西域，佛教中菩萨手持葡萄代表五谷不损，因此葡萄纹有五谷丰登的寓意；同时葡萄串上果实累累，所以也代表子孙绵长、家族兴旺的美好期盼。多种瓜果组合在一起常常具有更加丰富的含义，如佛手、桃和石榴组成的“福寿三多纹”，源自《庄子·外篇·天地》：“使圣人寿，使圣人福，使圣人多男子。”用福寿三多纹寓意多福、多寿和多子。

肆 同构组合

将原本并不存在的形象，通过丰富的想象，组合同构。

在吉祥图形的创作过程中，人们通过大胆的想象和浪漫的情怀，将许多看似不可同时出现于同一画面的形象组合在一起，这就是传统吉祥图形中常见的同构手法。而我们今天在现代平面设计中所使用的同构图形的方法也向其汲取了灵感的源泉，其中较为常见的是各类别、各领域事物进行横向或纵向的与现实相悖的组合。

吉祥图形中出现的动物可以分为神话动物和真实动物两类，神话动物指的是并不真实存在的形象，是源自神话传说；而真实动物则是大自然中真实存在的生物。龙是中华文明的象征，被华夏民族当作神而敬奉，传说女娲和伏羲的“蛇身”是龙最早的形态。龙的形态在历史长河中无数次演变后在明代最终被确立，它角似鹿、头似驼、颈似蛇、腹似蜃、眼似虾、鳞似鲤、掌似虎、耳似牛、爪似鹰，是多种动物形态的结合体。龙善于兴风作雨，能保证人间的风调雨顺，从而造福于民。因为龙的形象充满气势，十分英勇，因此它也是权威、尊贵和威武的象征，中国历代的皇帝都称自己为龙子或天子。凤是传说中的鸟王，它头似锦鸡、身如鸳鸯、翅如大鹏、腿如仙鹤、嘴如鹦鹉、尾如孔雀。凤凰性高洁，喜歌舞，传说它的临到会给人间带来幸福和安宁，同时也是封建王朝中高贵女性的代表，自古以来，把这两种自然界并不真实存在的神兽进行同构而产生的吉祥图案广为流传，既歌颂国泰民安，又是至尊权力的表达，常见题材有“龙凤呈祥”、“龙飞凤舞”等。

上 图2-42 三羊鼎

下 图2-43 龙耳虎足壶 春秋后期

壶上有冠盖，长颈两侧各附一大型龙耳，垂腹，圈足下镂两个伏虎足。盖冠以透雕交体龙形纹为之。颈上部饰叶形夔龙纹，颈下部饰细密之变形蟠螭纹。

在吉祥图形的同构方式中，也有这神话传说中的动物和现实存在的动物进行结合的例子，充分体现了传统吉祥图形中的同构方法将看似风马牛不相及的事物进行组合后所产生的新的艺术效果，如“百鸟朝凤”，将自然界为人所熟知的客观存在的鸟类与神话传说中的凤凰放在了一起，气势恢宏，磅礴壮观，表达了对德隆望尊者的敬意。

除了上述所提及的在动物这一类别中进行组合而形成的同构吉祥图形，也有跨类别的、差异更为突出明显的组合。如“松鹤延年”这一图形中的松与鹤，鹤本非生活在松树生长的周围，却被人们拿来与松树结合，使它立于松树枝桠上，虽然这有悖于我们所熟知的生活规律，但是这两种不同类别且都含有长寿这一寓意的物象在一起，十分生动地表现了先人们对绵延漫长寿命的向往之情。

下左 图2-44 玉朱雀玄武复合形摆件 汉

下右 图2-45 玉四灵纹神兽座摆件 汉

中左 图2-46 玉镇墓神兽 南北朝

中右 图2-47 玉四灵纹佩 汉

上左 图2-48 白玉麒麟绶带鸟摆件

上右 图2-49 玉坐凤辟邪

伍　时空混维

打破时间、空间的限制，将分散在各处的美好事物集合于一身的创作方式。

一些吉祥图形在选取主体对象后而构成的图形画面时，会做出一些让人完全出乎意料的结合。它的出乎意料之处，在于将不太可能于同一时空维度出现的人物、事物放在一起，这些不同时空维度对象的属性尽管不同甚至千差万别，却在同一图形中共同表达吉祥的寓意，和谐共存。而在现代图形设计中，我们也会看到与之相似的超现实图形与混维图形，可见我们先人的大胆浪漫的艺术造诣与创作思路在那个时候不可不谓之“前卫”。

八仙是吉祥图形中采用时空混维手法的典型案例。他们是八位极具个人性格的神仙，分别是李铁拐、吕洞宾、汉钟离、张果老、韩湘子、曹国舅、蓝采和、何仙姑，八仙多为惩恶扬善之事，在民间广受百姓认同，故百姓常将自己的愿望寄托在八仙身上，因此八仙也成为人们喜爱的吉祥图案题材。八仙过海图把八位时代不同的神话人物聚集在同一个画面上，打破了时间和空间的限制，这种将分散在各处的美好事物集合于一身的创作方式让吉祥图案有了取之不尽的造型元素。

左　图2-50　青花八仙过海图葫芦瓶　清·乾隆　瓶下腹绘《八仙过海图》作为葫芦瓶的主题图案，八位仙人身披彩霞、足踏祥云漂于海上。

右上　图2-51　矾红彩人物纹碗　碗敞口，深弧壁，圈足，内外施白釉。外壁及内底均已矾红彩装饰，外绘八仙人物，八位仙人神态各异，身披彩霞，手持宝物，足踏祥云。

右下　图2-52　斗彩山水人物纹菱花口花盆碗　花盆盆外壁六面皆绘斗彩《群仙祝寿图》，折沿上绘石榴花果纹，间以「寿」字。

上 图2-53 图2-54 仙人故事 攒斗浮雕

下 图2-55 门窗装饰

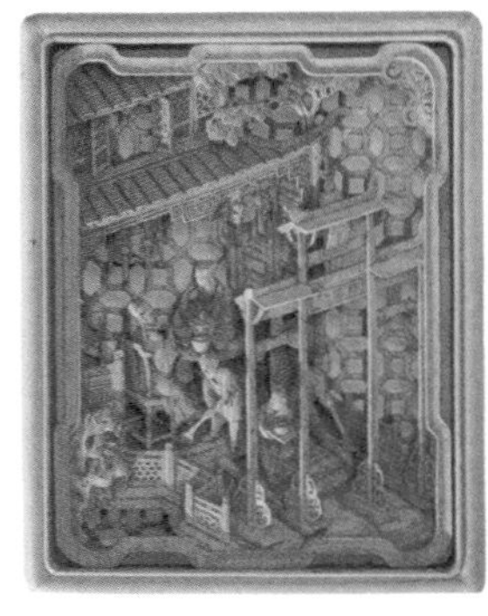

与八仙图相类似的还有以福禄寿为主题的吉祥图形。福、禄、寿是汉族民间信仰中的三位神仙，据说是天上的三吉星。三星具有各自的掌管领域，福星在道教中称“紫微大帝”，头戴官帽手持如意，负责掌管人间福气的分配；禄星又称“文昌星”，掌管人间的功名利禄，是古时读书人的保护神，能带给人们高官厚禄，因此常骑在梅花鹿上寓意“进禄”；寿星也称“南极老人星”，是长寿之神，他有广额白须，手持龙头杖或手捧寿桃，喻示着长命百岁。福禄寿在民间拥有极高威望，三星的形象也已经深入平常百姓的心，因此以福禄寿为主题的吉祥纹样特别受到人们的欢迎，通常以木板年画的形式贴在家中，寓示着瑞气盈门，昌运兴家。

时空混维的吉祥图形创作法按照表面的目的来造型，不受客观的约束，用人的主观感受去认识和理解、表达自然世界，在自然、时间和空间里任意穿梭。它是由人们特有的观察方法、思维模式、审美所形成的，它依托于人与自然、与社会文化之间的互动，具有超脱于图形形象之外的内涵。

陆　寄情于物

将对于事物的赞美升华至情感层面，成为精神写照。

在吉祥图形所选取的对象上，会用一些在属性特征上与自己情怀志向近似的事物，进而进行间接的抒情，这些事物所带有的属性特征有些是其本身就自有的，人们在这基础之上又根据这些属性特征做了升华或凝练，久而久之成为后来者们寄托情感或者赞颂的对象，这就是吉祥图形里的寄情于物。

梅、兰、竹、菊素有“花中四君子”之称，也是我国诗歌和绘画中最常见的题材之一，四种植物各有特色，分别代表了一种精神品质。在纹样中，四种植物常以组合方式出现，深受人们的喜爱。梅花是“岁寒三友”之一，它不与春天的繁花争艳，而是在恶劣的寒冬环境独自盛开，为雪中的人们送来阵阵幽香，也预示着春天即将来临、苦尽甘来之意。一方面梅花的这种傲骨精神为高洁志士所看重和珍视，可以说梅花所代表的精神也正是中华民族的精神写意，这种正直、坚贞的气节一直传承直到今日；而另一方面民间则认为梅花的五个花瓣分别代表着福、禄、寿、喜、才，具有传春报喜的吉祥意义，常与竹子、喜鹊组合成图案，有“梅竹双喜”、“喜上眉梢”的美意。兰花生长在深山野古中，香气清婉素淡，因此用来比喻不求仕途、远离污浊名利、只求内心坦荡的隐士君子。《周易·系辞上》曰：“二人同心，其利断金；同心之言，其臭如兰。”此句话中的臭同“嗅”，说的是两人在语言上谈得来，说话应像兰草那样芬芳、高雅，因此“义结金兰”比喻结交意气相投的朋友，象征着纯洁高尚的友谊。中国的庭院中几乎都能见到竹子的身影，竹子笔直挺拔，象征着正直；外直中通，象征着虚心和襟怀若谷；四季常青，象征着始终如一、长青不老。郑燮在《竹石》中描写道：“咬定青山不放松，立根原在破岩中。千磨万击还坚劲，任尔东西南北风。”竹子坚韧不拔的品格气节和不屈不挠的精神着实让人印象深刻。菊不以娇艳的姿色取媚，却以素雅坚贞取胜，陶渊明“三径就荒，松菊犹存”显示了菊花生命力顽强，不被环境所压倒的韧性，九月九重阳赏菊又使菊花被赋予了吉祥和长寿的涵义；图案中，菊花又常与松树组合在一起，代表延年益寿；也与喜鹊一同构成“举家欢乐”的美好场景。

图2-56　竹雕兰花图臂搁

牡丹是中国的名花，被拥为花中之王，兼有色、香、韵三者之美，它的雍容华贵常为历代人们所称颂。描写牡丹的诗歌非常多，如刘禹锡的“唯有牡丹真国色，花开时节动京城”，李白的“云想衣裳花想容，春风拂槛露华浓”等，无不描写出了牡丹的仪态万千和高贵典雅。牡丹枝繁叶茂，代表了繁荣、昌盛、富贵和端庄，以牡丹演化而来的牡丹纹多用作主纹，常装饰在碗、盘、罐等瓷器的中心部位，因其颜色艳丽而多采用工笔重彩的形式。主要的牡丹纹样有独枝、交枝、折枝、串枝和缠枝牡丹纹，在构图上多为适合式、对称式和均衡式等，用盛开的牡丹纹样装饰全器使瓷器特别饱满和华贵。

上左
图2-57 象牙雕松梅纹笔筒 清
笔筒采用深刻和去地浮雕法来表现树瘿、枝杈，在对梅花的处理上，主要是通过铲出花瓣的倾斜度，以突出花蕊。老干沉郁，新枝矫健，动静相生，生动自然。

上中
图2-58 竹雕草虫白菜图笔筒 清
笔筒一面以陷地深刻法表现白菜两颗，剔刻范围自边缘轮廓直至菜心，深可数层。纹饰层次分明，玲珑剔透，生动异常。
关于白菜的传说有很多种，均为体现坚贞纯洁、清澈善良，诚实正义的寓意。同时中国的文人也偏爱白菜，认为白菜具有平凡、朴素、寡欲的精神。

上右
图2-59 竹雕松树形笔筒 清
笔筒截取近根处竹干雕作松树式，阴刻重圈纹累累如铺卵石，似云朵氤氲，又似松鳞错落。

下
图2-60 象牙雕四季花卉纹笔筒 清
笔筒四面开光内去地浮雕四季花卉图案，有牡丹、荷花、菊花、梅花，花叶繁茂，俨如写真，形式新颖，不落俗套；又点缀蝴蝶、蜜蜂、鸳鸯、竹枝等，组成有寓意的吉祥纹样，如平安、报捷、连科、三友等。

柒　托物言吉

运用象征等手法，通过描摹客观事物的某一个方面的特征来表达吉祥寓意。

将某一事物的本身特性表现加以描摹和艺术化手法处理之后，有了吉祥的寓意，成为一种吉祥性的纹样纹饰，它们往往带有很强的象征性，运用于吉祥图形之中再被装饰在各个类别的事物里，我们通常把它称为“托物言吉”。

古人眼中的云，不仅是当时天气状况的具体写照，还能通过云流的变化推测出不久后的天气情况，云层上下左右的移动、扩散和聚集都能影响大自然万物的生命活动。云台和云锦是常常被我们运用在艺术装饰中的纹样，它们都有着美丽的形态和丰富的内涵，其中尤以“祥云”为甚。“祥云”运用在装饰上既能表达传统文化，又具有现代的形式美感，同时它还代表着吉祥如意的美好寓意，是古人对美好生活向往的集中体现。为何中国人如此喜爱祥云，除了上面所说的装饰用途和美好寓意外，祥云还包含了一种中国人所讲究的气韵，它是一种抽象的精神内涵，古人便常以“心中有云”来形容一个人的深厚修养。以上述祥云为代表的云纹是中国传统艺术领域中极具特色的纹样，云纹的历史悠久，最早出现于战国时期的青铜器上，是受统治阶级羽化登仙思想而出现的图形，包含了人们对于仙境的种种美好猜测和幻想。形态各异的原始旋纹、卷云纹、流云纹、云雷纹、朵云纹、如意云纹之类，都具有丰富的装饰特点，也会与龙凤等形象搭配组合，形成所谓“云中龙”、“云中凤”的祥瑞纹样。

盘长又称吉祥结，因其看不出开头和结尾，所以代表了延绵不断、长久永恒，由此图形发展而来的中国结、同心结等也寓意着延续和兴旺。在基本形的基础上又可变化出四合盘长、万代盘长、方胜盘长等图形，随着时间的推移，盘长所演化而来的结不仅仅存在于平面化的图形，更成为一种实物化的吉祥符号，流传至今，是中华民族传统文化瑰宝之一。

龟背纹是指六边形的连续状几何纹样，因其像龟甲的纹路而被称为龟背纹，又称灵锁纹或锁纹，古时用龟甲占卜，遂龟甲蒙上了一层神秘的色彩，与之相关的龟甲纹也就成为能够逢凶化吉的吉祥纹样。

方胜是中国古代妇女的首饰，最早出自于《山海经》中记录的西王母所戴的发饰：“……玉山，是西王母所居地。西王母其状如人，豹尾、虎齿，而善啸；蓬发，戴胜，是司天之厉及五残。”由此形成的方胜纹是汉族的传统吉祥图形，由两个一角交叠的菱形构成，因此也有同心双合、彼此相通的吉祥含义；而以方胜

右页
上 图2-63 剔红岁寒三友图圆盒
下 图2-64 剔红梅兰纹圆盒
左页
上 图2-61 四君子
下 图2-62 同偕到老

为型的盛物器具盒子随着我国传统工艺美术的发展呈现出了各种美轮美奂的艺术美感，其吉祥内涵也有了实体化的事物。

琴、棋、书、画是中国古代文人必须掌握的四项基本技艺，它们被合称为“文人四艺”，还有一种说法是“秀才四艺”，大概与文人的科举考试不无关系。琴指的是中国古琴，棋指的是围棋，书指的是木板线装书，画指的是立轴中国画。这四门艺术是几千年来传统文化生活的组成部分，也是文人雅士们用以陶冶情操、修身养性的必备之物，因此，将四艺融入吉祥图形中表达了人们对知识和修养的重视程度，以及对安逸、闲适的生活的追求。

瓶与“平”同音，因此也含有“平安”之意，与之相关的吉祥图形多取其同音和谐音以表达祥瑞。图形“吉庆平安”是用戟、磬和瓶组成，图形的基本形式为瓶中插着戟和磬，戟与“吉”同音，磬与“庆”同音，瓶与“平”同音，连在一起便成为吉庆平安。

独具中国文化特征的传统图形是现代艺术的宝贵财富，我们可以从中窥视到传统图形的发生于演变。传统图形通常经历了较长时间的演变而发展到较成熟的形态，它们通常表达了人们对安定美好的向往和对生活的热切渴望。纵观传统吉祥图形的选材来源与动机，大部分源于自然事物的形象经过抽取提炼而得，也有一些人们臆想的形象如“龙纹”，这些图形一般会出现在人们日常生活所使用的器具上，它除了反映人们对装饰美的需求以外，更与人们的生活状态紧密联系。作为装饰艺术，传统图形体现了中国古代独有的艺术形式；作为吉祥图案，它们更多体现了艺术背后所蕴藏的人的精神与情感。吉祥图形之所以能经久不衰、代代相传，正是因为它具有独特的情感，自然、朴实、天然、浑厚，这种原始而又富有生命力的图形，是人们对伟大而神秘生命的赞美。古人将精神世界所追求而现实所达不到的崇高愿望寄予在这些图形中，体现了人们对持久事物和美好希望的热切追求，同时它还反映了人们对人性中最光辉的部分的歌颂，例如爱、正义和奉献。传统图形源于现实事物而又高于现实事物，往往具有一定的象征意义，经由文化的传承与洗礼，得到一种恒定的诠释。吉祥图形独特的艺术魅力及作为一种美好的征兆，对平面设计尤其是现代图形设计具有启迪作用。

纵览中国传统图形的发展史，它诞生于原始人类的记事活动，形成于商周时期，经过唐宋时期的高度发展，到明清时期达到传统艺术的顶峰。历朝历代的吉祥图形各有特点，也有深厚的历史遗留的痕迹，它们经过不断的继承与革新，时至今日，仍然被运用在现代艺术设计等各个领域。

左页
左上 图2-65 龙凤呈祥
左中 图2-66 麒麟送子
左下 图2-67 蝶恋花
右上 图2-68 琴棋书画
右下 图2-69 招财进宝

右页
左 图2-70 喜鹊
中一 图2-71 鲤鱼跃龙门
中二 图2-72 鲤鱼跃龙门
中三 图2-73 鸳鸯同心
中四 图2-74 凤凰戏牡丹
右上 图2-75 玉树临风
右中 图2-76 聪明伶俐
右下 图2-77 欢天喜地

八方来宝
一路进財

审美精神

Aesthetic Appreciation

传统图形是中华民族独特审美心理的形象展现，持续引导、影响着中国人的审美趣味，凝聚人类审美活动的共性特征。其中所蕴含的审美思想和丰富内涵以及它的表达形式等一直被作为现代图形设计的重要参考。

中华文化博大精深，传统艺术是其中一块亮丽的瑰宝，而传统图形又是传统艺术领域中不可忽视的重要板块。最早的图形出现于文字之前，人们通过简单的图形来表达信息，随着华夏文化的演替，图形文化也随之发展，伴随着不同时期的审美趣味的变化，而其中蕴含的中华民族文化基因永远不会改变。我们祖先在各个时代都产生过数不尽的艺术结晶，如：彩陶、青铜器、陶瓷、丝绸、漆器、雕刻、刺绣、编织等。从那些无穷无尽、变化多端的传统图形里，我们可以看出随时代变迁各个时期工艺技术水平的发展提高和传承下来的文化传统，例如古代的彩陶的纹样代表了当时人类对于自然的崇拜和繁衍生命的渴望，是他们对于生活实践过程中慢慢形成的审美形式观念。中国传统图形与传统纹饰中所蕴含的丰富思想内涵，它背后的深刻寓意，以及它独具一格的造型形态，使得它成为现代设计取之不尽的灵感来源。现代设计将传统图形进行提取再创造，在这个基础上创作出独具中华民族特色同时又深具现代审美特性的平面作品。传统图形作为文化的符号，以其强大的生命力展示了中华民族的文化特征与社会属性。

整个中国传统图形的发展历史记录了中华民族特有的审美情感，展示了特有的“有意味的形式”。有意味的形式即指作品各个要素之间的组合关系、要素与作品、作品与人、人与自然之间的关系充满“意味”，能够唤起人们的审美意识。以仰韶文化的彩陶图案为例，仰韶彩陶以其丰富多彩的图形图案而闻名于世。这些图形大多由动物或植物形象演变而来，记录了早期人们的视觉审美体验，是古代人

图2-78 图腾徽铭构成规则

原生图腾族人与图腾类整合与复合。

姓氏图腾是原始人类氏族的徽号或标志，是他们群体的亲属、祖先、保护神的标志和象征，也是人类历史上最早的一种文化现象。社会生产力低下和原始民族对自然的无知则是图腾产生的基础。

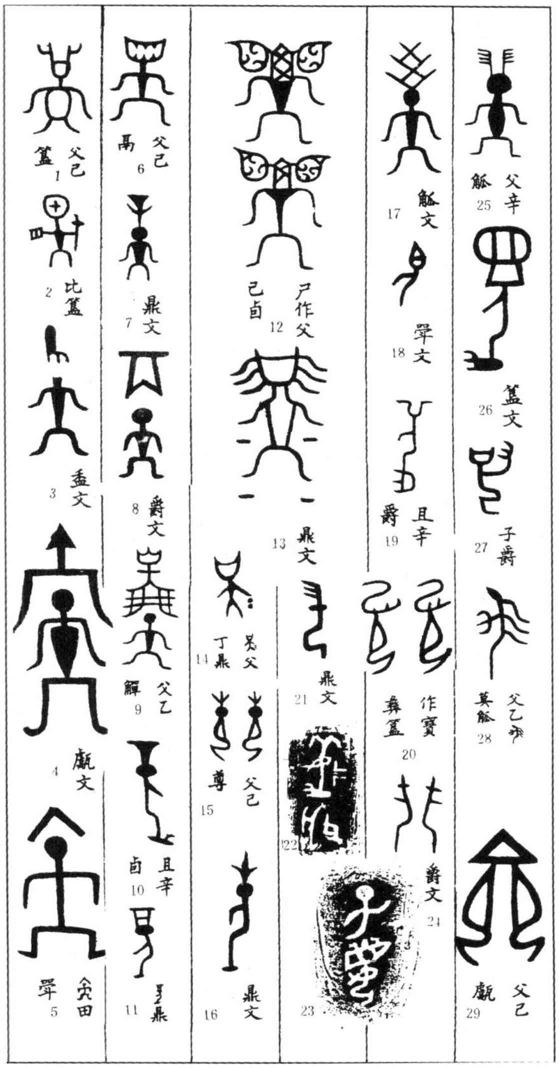

们智慧与想象力的集中体现。仰韶文化是中国石器时代的辉煌篇章，也是中国最原始的艺术形式的发源，后来又与宗教祭祀文化联系在一起，发展出来具有象征意义的图腾，例如龙纹、凤纹、舞蹈纹等，蕴含着丰富的想象力和神秘色彩，它们以抽象的形式规律将具象的图形简化为简单的几何图形。中国最早的文字就是从图形演变而来的，如甲骨文和金鱼文，它用夸张的手法将真实艺术化，所以既可以看成文字，也可以被当成图形看待，他们把具象的图形逐渐抽象成了纯粹的线条和完美的结构，体现着中国人对美的独特认识。中国的书法艺术也是由甲骨文、金文一脉传承而来，是中国特有的审美情趣的展示，书法将点与线、黑与白、收与放的关系置于一个千变万化的程式之中，以表现其灵动与境界，在点、横、竖、撇、捺、勾的组合世界中表现真正意义上“有意味的形式”。

“美”字最初的含义就是修饰和装饰，图形中的美来自于生活，会随着时代的变化而发展，最终成为子孙们的宝贵文化遗产。

壹　天人合一

中国古人讲究事物的内在美，装饰往往蕴含着功能的思想，是节奏内容与韵律形式的统一，从而反映出古人独特的审美意识。

中国道家思想的最高境界是“天人合一”，这也是传统艺术领域的终极命题，如何用简单的图形语言传达出“天人合一”的思想是现代许多中国设计师正致力研究的课题。所谓“天人合一”，就是用人类智慧去看待事物、用自然事物来衡量人的处世。“天人合一”这个概念最早是由庄子提出，之后逐渐发展成为一种哲学思想，最终逐步变成中国传统文化的核心之一。“天人合一”从道家的哲学思想延伸到传统艺术领域所追求的精神内涵，体现了中国古代艺术家重视文化内涵的思想。艺术家在技艺发展到一定境界之后，试图以全新的视角去领悟美。古人的审美意识有很深的整体概念，道家将天、地、人看作一个和谐统一的整体，万物蕴于整体之中，艺术也不例外。因此古代书画大师讲究“以形写意”，主要是在“意”而不注重是否写实，通过一定的手法将自然形象提升到富有精神文化内涵的层面。传统图形也是如此，它们通常以一定的构图规律出现在物体上，体现了中国人“善始善终”的哲学观念。在中国传统的剪纸艺术中，常常将具体实物与自然中的纹样相结合，并打破客观事实中的透视与比例，形成夸张的构图和强烈的视觉效果，例如十二生肖剪纸中，生肖周围都围绕着自然的花草，生命与天地浑然一体，合而为一。“天人合一”的观念对于中国传统艺术影响深远，尤其是在山水画中表现尤为明显。艺术家在作画时，并不会重现眼前所看到的事物，而是将自己对于一花一草、日月星辰、宇宙万物的内心感受，通过画笔所表现出来。实现了绘画主体与客体的完美交融，超越了对于事物刻板的客观描绘。因此“天人合一”的观念与中国山水画的精髓可谓是不谋而合。

图2-79　山西民间剪纸十二生肖　郭九岭藏

上　图2-80　山东烟台剪纸十二生肖图

十二生肖，又叫十二属相，是中国与十二地支相配以人的出生年份的十二种动物，即子（鼠）、丑（牛）、寅（虎）、卯（兔）、辰（龙）、巳（蛇）、午（马）、未（羊）、申（猴）、酉（鸡）、戌（狗）、亥（猪）。

十二生肖的起源与动物崇拜有关。据湖北云梦睡虎地和甘肃天水放马滩出土的秦简可知，早在先秦时期即有比较完整的生肖系统存在。最早记载与今相同的十二生肖的传世文献是东汉王充的《论衡》。

随着生肖的出现，剪纸的生肖也逐渐活跃于剪纸造型中，几乎每个剪纸艺人都对生肖剪纸情有独钟。

生肖剪纸形式多样、异彩纷呈。每个生肖剪纸造型都与作者的文化背景、知识沉淀、生存环境以及艺术的传承有一定的关系。有的单独表达，仅有生肖，没有其他；有的配合其他相关的动植物，表达生肖以及作者自己的理解与喜好。有的造型拙朴，老辣，形象简练，有力；有的手法表现稚拙，可爱；有的极尽装饰之能，点缀繁复，多变……但是它总的艺术特色没有离开关东剪纸的大气恢宏。动物生肖，玩具生肖，与人物组合的生肖……无不表达着关东这块土地上土生土长的老百姓对生活的热爱与追求。

下左　图2-81　山西霍良臣剪纸十二生肖图

下右　图2-82　山西白凤莲十二生肖挂帘剪纸

图2-83 图2-84 图2-85
三苗民徽铭
马家窑文化马家窑阳乌模式图

贰　和谐之美

在中国的传统观念中，感性形态上的相辅相成，是指对象形态上的协调、相融和恰到好处。

中国古代和谐的概念来源于《周易》中的阴阳调和的思想，和谐是一种顾全大局的思想，它与西方哲学有较大差别。“和谐”的观念在传统领域不仅指事物外在形态的协调，更强调形态与内在寓意的相辅相成。而和谐的思想亦是中国人获取视觉与心理审美双重愉悦的重要标准。马家窑文化中彩陶的纹饰以圆点与漩涡纹为主，给人以强烈的动势，回转曲折，静中有动，图形的排列紧凑又不失节奏，显示出一种自然协调的关系。中国传统图形便蕴含着和谐的思想，中国人渴求万事都能有圆满的结局，这种美好愿望体现在传统图形的造型之中，而圆满即是和谐的一种体现。形式上的圆表现出一种对称均衡的平衡感，同时曲线线条圆润流畅，正契合了中华民族的审美观念；而圆更重要的是表现了人们对艺术化、理想化的生活的追求，也是人们对世间万物能够和谐共处、对生命流转不惜的美好祝愿。以圆作为基本形式进行创作是传统民间艺术常采用的方式，剪纸中圆形造型是出现最早的图形，并且大量流传，因为剪纸艺术本来就是一种吉祥文化，将其与圆相结合，可以说是形式与内容的完美融合。圆又代表着万物生灵的本原，地球以圆行轨道不停运转，圆是宇宙星辰循环往复的最佳体现。因此圆可以说最能体现和谐的基础形态，比如道家的太极图，就是“和谐”概念最直接的外化表现，它的阴阳对立而又统一，和谐共存又相互转化，昭示着宇宙、自然、人伦的关系和一种在万物中共存的动态平衡。

叁　寓意美好

中国人总是喜欢把美好希冀与愿望寄托在他们的所造之物中。传统图形便是这种表达方式的最佳媒介，这种理想化的文化特征与传统艺术结合起来，成为传统领域不可划分的一部分。

传统图形的寓意总离不开吉祥之意。将事物寓以吉祥之意不仅是中国民间思想的体现，也是文人墨客创作的主题。《周易·系辞》里就说到“吉事有祥”，而庄子也有“虚室生白，吉祥止止”的经典语句。现实生活总有不顺，而中国人总是愿意对未来抱有最美好的祝福，通过借用各种传统装饰来表达这一思想，从而即使生处苦难之中仍然有最积极乐观的态度。这是中国人智慧的体现，也是“吉祥”的思想能流传至今并深得人心的原因。传统的吉祥图形通常以本身就富有吉祥之意或名字与吉祥词语谐音的事物为题材。基本原则可以总结为：缘象寄情。即通过或隐喻，或象征，或借鉴的手法传达丰富的情绪与情感。比如月季花安放于花瓶中寓意为“四季平安”，因为“月季”即季度、年月，“花瓶”的“瓶”则是取其同音自“平”，即平安。还有“福禄寿禧”中用蝙蝠代表“福”，用鹿代表“禄”，用寿星代表“寿”，用喜鹊代表“禧”。中国传统文化中的神兽，麒麟、凤凰、龙都是人类虚构出来的吉祥形象，寄托了人类对于健康、长寿、权威等渴望的美好愿望。

上左　图2-86　倒挂龙纹图
上右　图2-87　花鸟图
下左　图2-88　吉祥（象）如意图
下右　图2-89　麟行甘露图

肆　中和之美

中国传统美学中含有深刻的哲学观点，因此最高境界的美应该是在矛盾事物中找到能使矛盾双方和谐共处的平衡点，美丽而不招摇，动人而不轻浮，持久而永恒。

中和，是中庸之道的核心观点，《礼记中庸》中写到："致中和，天地位焉，万物育焉。"即人如果能做到中和，则天地万物之间总有其生存之道，这是一种折中调和的观念。"中和之美"是刚柔并蓄、理性与感性共存，将各种审美要素和谐统一，具有含蓄、折中、知性、适度的特性。中国传统图形介于写实与抽象之间，既不保守无趣，又不至于过分夸张；既讲究形式美感，又体现丰富内涵；既源于现实又超过现实。这种折中的思想使得传统图形能兼顾形式与内容的统一，化解对立双方之间的矛盾，从而展现出一种独具中华民族文化特色的神秘韵味，是现代艺术设计的巨大资源和宝贵财富。

图2–90　建筑石刻卷草纹

上　图2–91　拐子木槿花边

中　图2–92　葫芦整体与局部变化

下　图2–93　漆圆盒上的针刻植物纹　战国

左上 图2-94 水结冰镇梅花纹
图2-95 水结冰镇竹叶纹
图2-96 水结冰镇松枝纹
右 图2-97 五蝠捧寿纹
中 图2-98 五蝠捧寿纹
左下 图2-99 五蝠捧寿纹

伍　变化与统一

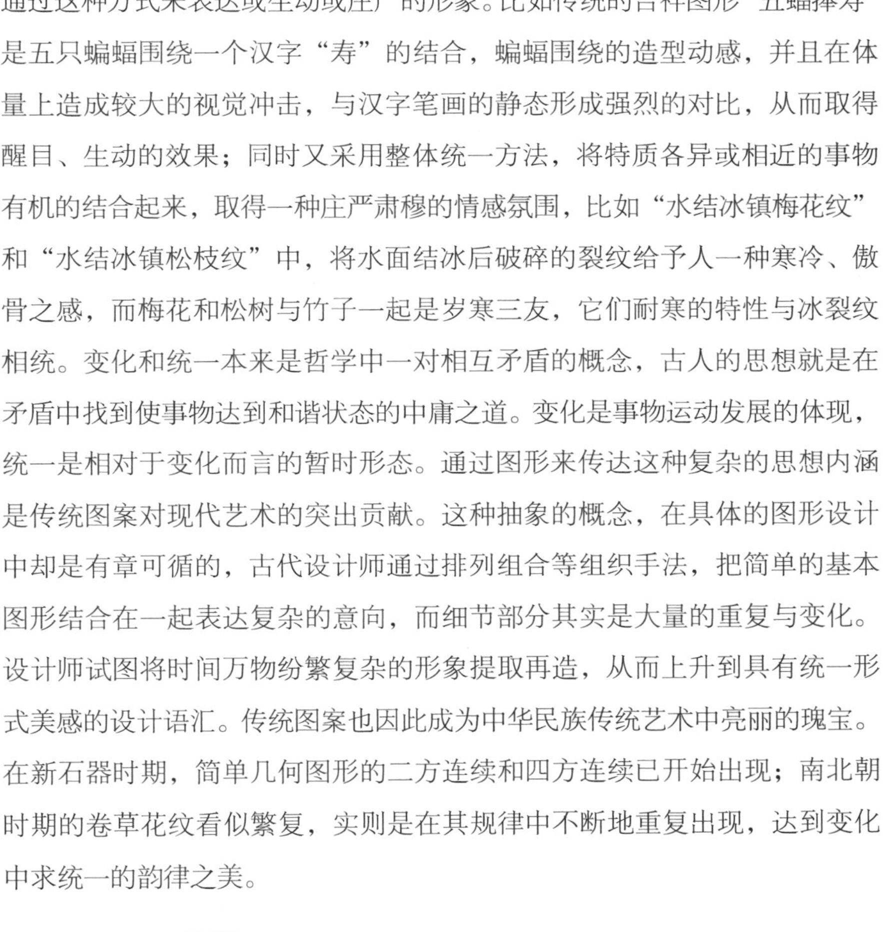

传统图案的排列组合都是有规律可循的，往往都具有整体的统一感，而局部又有丰富的变化。这种在统一之中寓于变化，在变化之中取得统一的思想也是中国古代思想家的杰出成就。传统图案通过这种整体统一，局部变化的手法来表达明确而又丰富的视觉信息。

经过较长时间演变而趋于成熟的传统图形往往有一些显著的共同特点，即将不同的视觉形象通过巧妙的手法融合在一起，且达到一种和谐的状态，通过这种方式来表达或生动或庄严的形象。比如传统的吉祥图形“五蝠捧寿”是五只蝙蝠围绕一个汉字“寿”的结合，蝙蝠围绕的造型动感，并且在体量上造成较大的视觉冲击，与汉字笔画的静态形成强烈的对比，从而取得醒目、生动的效果；同时又采用整体统一方法，将特质各异或相近的事物有机的结合起来，取得一种庄严肃穆的情感氛围，比如“水结冰镇梅花纹”和“水结冰镇松枝纹”中，将水面结冰后破碎的裂纹给予人一种寒冷、傲骨之感，而梅花和松树与竹子一起是岁寒三友，它们耐寒的特性与冰裂纹相统。变化和统一本来是哲学中一对相互矛盾的概念，古人的思想就是在矛盾中找到使事物达到和谐状态的中庸之道。变化是事物运动发展的体现，统一是相对于变化而言的暂时形态。通过图形来传达这种复杂的思想内涵是传统图案对现代艺术的突出贡献。这种抽象的概念，在具体的图形设计中却是有章可循的，古代设计师通过排列组合等组织手法，把简单的基本图形结合在一起表达复杂的意向，而细节部分其实是大量的重复与变化。设计师试图将时间万物纷繁复杂的形象提取再造，从而上升到具有统一形式美感的设计语汇。传统图案也因此成为中华民族传统艺术中亮丽的瑰宝。在新石器时期，简单几何图形的二方连续和四方连续已开始出现；南北朝时期的卷草花纹看似繁复，实则是在其规律中不断地重复出现，达到变化中求统一的韵律之美。

卷三

意匠之法
Conception Means

造型方法

Modeling

人的主观能动性与自然的客观存在性同时在图形造型中交汇和体现，才使得图形层出不穷，越加丰富。

图形不同于绘画，它不仅是对现实物体的描绘，更是一种艺术的加工，可以说是来源于生活但高于生活。图形的主题涉及广泛，同一种图形往往具有多种形式的表达。不同载体、不同用途的图形在造型时遵循的原理各不相同，但是万变不离其宗，图形艺术的建立是基于主观和客观的结合，它不仅是在客观现实上的奇特想象，还是对客观事物的造型和文化元素的再创造。人的主观能动性与自然的客观存在性同时在图形造型中交汇和体现，才使得图形层出不穷，越加丰富。中国传统图形的造型原理可以概括为提炼再造、打散转换、空间制约、共生造型、对称均衡、繁复有序、随型赋饰等几个方面。

壹　提炼再造

提炼再造是艺术设计中经常使用的造型方法，指删除没有显著功能与特征的部分，保留最有代表性特征的部分，“取之精华，去其糟粕”，提炼写实的、具象的物体的特征，再运用艺术手法和技巧进行再创造。自然界的事物较为庞杂，所以必须进行人为主观上的取舍和提炼，以适应表达的需要。

传统图形有很多源自植物形象，如常见的唐草纹以及寓意吉祥的宝相花。它们不是某一特定植物的形象，而是不同植物形象杂糅在一起，再经艺术的手法提取再造的结果。唐草纹是由卷草纹发展演变而来的，卷草纹源自于忍冬纹，它最早起源于古埃及，是佛教里常用的纹样，后伴随着佛教在中国的兴起而流行，并与中国文化融合，发展出繁复华丽、层次丰富的唐草纹。唐草纹多取材于牡丹、忍冬、

图3-1 宝相花

石榴、荷花等花卉，对造型进行提炼与变形后，用卷曲的线条使花朵和叶片互相缠绕，这样使整个图形看起来饱满华丽，充满生机。以宝相花、莲糖草等为代表的花卉纹样多由花瓣的形象与藤蔓形象结合而成；而盛行于隋唐时期的宝相花纹样原型为莲花纹，它集莲花、牡丹、菊花、忍冬、石榴纹等花卉的造型特征为一体，这些元素组合的加入使莲花纹样更加华丽繁复，不再局限于简单的瓣形轮廓，花瓣围绕中心呈圆形排列，整齐有序，在莲花结构之上不断嫁接忍冬、石榴等元素并加以艺术处理，便形成新图形宝相花。汉代茱萸纹是一种抽象的花卉纹，是目前唯一能明确指认的植物纹样，茱萸是一种有着浓烈芳香的植物，茱萸是传统文学艺术常涉及的植物，它有驱寒辟邪的功能，因此有寓意长寿的说法，人们将其的花、果、叶的形态进行简化后绘制成具有长寿辟邪寓意的茱萸纹，蕴含着祈望长寿的美好祝愿，茱萸纹一般与卷草纹和云纹搭配组成四方连续的纹样。

把不同形象的花朵组合在同一缠枝茎蔓之上是传统图案中较为常见的方式，在同一枝藤蔓上常常会盛开着不同的花卉，常见的有荷花、牡丹、梅花等有深刻寓意的花朵。也会出现一种花上盛开另一种花或花朵当中点缀叶片的处理手法，为了避免各种花卉聚在一起显得造型各异极不协调，通常需要将花卉线条进行简化，保留其最有特色的部分，再用不同的尺寸比例和线条粗线体现图案的层次感。为了使图案更加图形化，在再造过程中常会用到简化、添加、夸张、几何化、解构、求全等手法。简化并不是单纯地减少笔画，而是去掉不相关的部分，将琐碎的线条理顺，取其最典型、最有特征的部分来表现，使其比自然形态更加优美生动，中国人绘画注重“写意”，即形简而意丰，装饰图形也深受其影响，装饰图形的简化方法根据表现形式可以分为轮廓线描简化法、主观色块简化法等；添加又称“附丽”，是在简化的基础上，根据构思和构图的需要添加一些元素使图形更加完善，而不是一味追求复杂和奢华，“添加”常常需要运用人类无尽的想象力，有时为了寓意吉祥，有时为了形式好看，有时两者兼顾。添加法有可以根据添加方式的不同分为不同种类，有取自寓意的添加法，也有关联性的添加法，或是纯粹在造型上取得一致的添加法等；夸张是一种重要的装饰表现手法，艺术家通过将形象夸大的手法来表达一些较为强烈的情感，通常的手法是局部夸张，使长的更长、大的更大、弯的更弯、虚的更虚……夸张的最终目的是为了增加装饰的美感和形式感，夸张不是追求怪异和荒诞，而是在合适的范围内适当夸张，合情合理，也要符合自然的规律，否则容易引起人们的反感；几何画法是一种抽象夸张的方法，它是基于自然图像的几何，使图形规则化、抽象化、装饰化，将形态特征提炼为纯粹的点、线、面，来表现原有形态的精神特征与魅力，在变化的过程中，追求美形式法则的同时要注意表现方式的整体性，如质地、色调和神态等；解构法类似于构成中的打散重构，

图3-2 龙纹

或是剪拼重组，对象在自然中归纳、提炼、概括后根据主观意图，可以拆分移位，然后按一定的规则重新组合；求全法是一种把违反常规的事物自由组合来表达某种主观意愿的图形造型方法，常常具有美好的寓意。求全法主要分为个体式求全和组合式求全，前者把同类物体的不同部分组合在一起形成一种新的造型，如宝相花将花头、花苞、花叶等不同花卉最美的地方组织在一起，形成的一种新图形，代表着富丽、辉煌、高贵的寓意。后者把不同时空和地域的不同物体组合在同一幅图形上，如唐卡的绘制多将不同种类、时空、地域的物体组合，来表达丰富的佛教故事和佛理。

贰 打散转换

打散转换就是把事物解构然后重新组合。把不同事物的整体或局部通过主观而有意识、有目的的归纳、提炼、概括后拆分移位，然后按一定的规则重新组合，以达到所希望表现的特定意义。从对事物的理解上，打散除了加强对事物表面形态和内在结构的认知，也能了解局部变化对形态的影响。从事物分解出的原始造型中，提炼出事物最具特色的基因和元素，并以此为基础设计出新的图形。

“打散重构”的形式在几千年的中国传统装饰纹样中就已出现。华夏民族的图腾象征——龙，就是以这种规律创作出来的，它提取鹿之角、蛇之头、驴之嘴、龟之眼、牛之耳、鱼之鳞、虾之须、蛇之腹、鹰之足组合而成，与其他动物有相似也有不同，因此具有许多象征意义，受到人们的崇拜。神话传说中的许多动物和人物都运用了此种手法，将源自不同物体的特征集为一体，以具有特殊的象征意义，而许多花卉的外形较为复杂，在装饰图形中不好运用，如将牡丹的花瓣曲折多裂，只有将其进行夸张和简化后组成代表性花型；又如梅花的特征是有五个花瓣，因此在表达时可以借此概括其特征形态。原始彩陶中的鱼纹、汉代的凤鸟纹，汉代染织纹样，汉代兵器纹，青铜器具中的眼纹、耳纹、鸟爪纹也都运用了打散重构法。

打散重构至关重要的是：打散原来的事物之后会有转换，从而出现新的形态。这是图形的重新塑造过程。打散转换有以下三种方法：

（1）原形打散：分为两种，一种是对图形整体进行分解，分解后重新进行排列组合形成新的图形，也可以选取局部某一部分的具有典型特征的元素进行重新组合；另一种是对图形的局部形态自身进行分割、打散、变化；

（2）改变顺序：在打破原有形态结构形式的基础上变异或移动，重新排列组合，变换元素或改变秩序，从而形成新的图形；

（3）分割切除：进行分割与切除的原有形态应尽可能选择原图形中美的元素或者从美的视角进行，抽取其最具典型特征的部分，然后重新组合创造出新的形态。打散与重构可以破除图形的呆滞感，从而使图形焕发出新的美感，给人以眼前一亮的新鲜感。

叁　空间制约

在图形设计中，一些形象经常受到装饰外部形状的限制，在这种外形的制约条件下可以通过适形的手法来创造新图形来解决。适形就是装饰艺术加工的图形、外形、用材、内容、手法等与被装饰对象或被加工的部位外形相适应，量体裁衣。装饰纹样中的适形原理不仅体现在中国传统图案中，世界各地的纹样都在一定程度上遵循这个规律。为了适应这样特定的载体形态，装饰纹样不能一成不变，既要满足各种特定的尺寸和空间，又要满足图形的整体性，有时装饰元素的形象不得不夸张比例，突出特征，以点、线、面、空间、材料、肌理以及色彩创作出适形且协调的图形。平面与立体、抽象与具象都制约着图形的构图、轮廓、内容等要素，适合纹样除去外框之后，它的造型纹样依然能体现外轮廓特征，通常，空间制约形状有三角形、半圆形、正方形等。正因受到空间上的制约，装饰图形在布局上就要尽可能利用现有的空间来“排兵布阵”，因此，在图案

上左　图3-3　银锭纹花窗

上右　图3-4　边廊天花　鱼戏

下　图3-5　图1-12　海棠花纹花窗

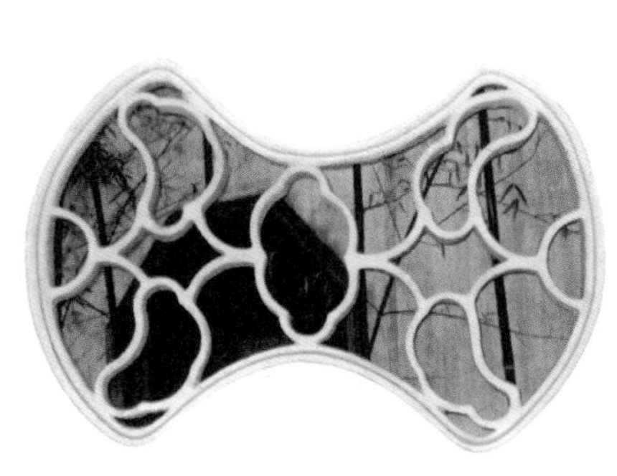

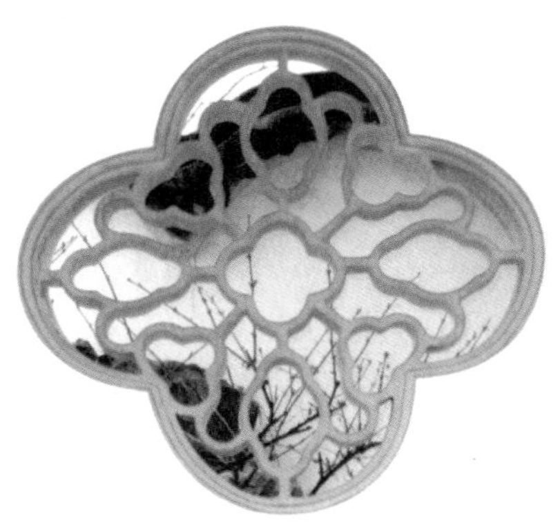

上左 图3-6 鱼戏莲叶
下左 图3-7 鸳鸯戏荷
上中 图3-8 鹤鹿同春
下中 图3-9 蝙蝠纹花窗
上右 图3-10 松鹤延年
下右 图3-11 蝙蝠纹花窗

设计之初就要利用“米字格”、“九宫格”等将空间进行划分，这些格子相当于图案的骨骼，也使复杂的图案有规律可循。完全按照格子设计图案虽然整齐却略显死板，因此设计熟练后，可以适当地打破格子而使图案更加自然流畅。黔东南苗族鱼形纹饰正是运用了适形法来表达人民的美好愿望。先勾勒出鱼头、鱼身、鱼尾等形象轮廓，根据苗族人民“多子”的向往和追求，将鱼与石榴巧妙结合，它们不仅仅在象征意义上相同，石榴成熟饱满的果实与鱼子鱼鳞在外形上同样密集繁多，通过鱼鳞表达出石榴果实丰富的特点，“我中有你，你中有我”。适形既打破了传统图形组织创造出新的图形，又形象生动地表现了人们的主观意愿。

上左 图3-12 三兔飞天
上右 图3-13 三鱼争月
下左 图3-14 九九消寒农历图
下右 图3-15 一团和气

肆 共生造型

共生本指不同生物之间所形成的紧密互利关系，在提供帮助的同时获得帮助。共用图形是指两种或以上没有联系的图形部分共用（共用同一空间）或者全部共用，将相互没有逻辑关系的事物通过相似的外表和形状关联成为一个整体，而形成的相互依存、缺一不可的统一图形来表达主题思想，传达主体思想本身和各式各样事物之间的联系，构造创新出新的意义价值，用图形来传递情感，借图形以替代文字和语言的表达，是图形创意的一种。同构的图形应存在外在的形态联系或内在的意义联系，而不是盲目的生搬硬套。从古至今不论中外，在东西方的象征图形中存在着大量的异形同构图形。作为一种独特的艺术表达方式，共生图形被古今中外各种艺术家广泛的采用，中国传统图案中也有很多共生图形，它在现代设计中也占有一席之地。

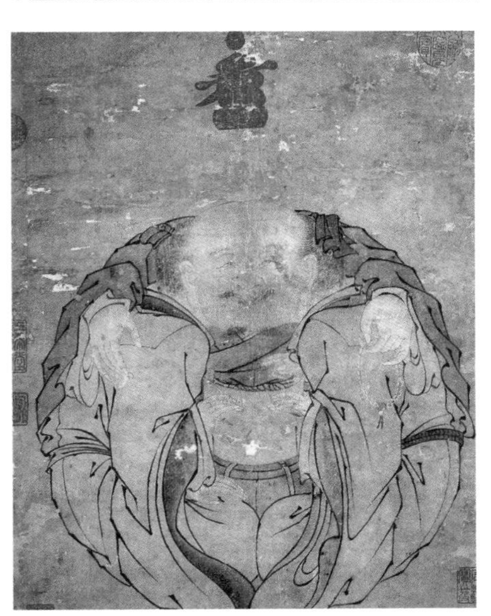

根据组织形式的特征，共用形式大致分为完全共用形、共面共用形、共线共用形三大类。局部共用即两个或者以上的图形共用非全部的空间。比如，《一团和气》图由明代成化皇帝所绘，其实画面中有三个人，但是第一眼看上去却只有一个人，经学者研究表明，这三个人分别是儒家、佛家、道家三个派别的化身，画中人物的头部和身体是典型的共面共用形。还有，在武强年画《三鱼争月》中，同一个鱼头下面连接了三个鱼身，由于头部的共用，使画面简洁的同时也加强了整个图案的关联性、均衡性，同时富于变化。共生造型创造了现实生活中不存在的物象，并且恰好可以表达人们无法言表的思想、观念、想象，共生图形具有一种特殊的趣味性，它打破常规，常常出乎人的意料，让人印象深刻。共生按内容可以分为“依形共生”和“依意共生”，依形共生主要指根据构图需要和形势需要所形成的共生图形，集中于“物象”；依意共生是为了表达某一主题或寓意而将几个物体或图形共生，集中于“意象”。中国传统图形的共生造型大多借助生殖能力强的动植物来表达对子孙兴旺绵延、吉祥安康的期望。蛙人纹，将蛙和人形同构，是彩陶上常出现的题材，古代把蛙看作能降福人间的保护神，原始人的生活与蛙人纹息息相关，蛙人纹的成因源于他们的祖先崇拜、生殖崇拜、日月崇拜等，其中，半山马厂彩陶蛙人纹既依形共生又依意共生；香草蝙蝠纹，是大理白族的吉祥图形，将香草和蝙蝠两种不同元素同构，“蝠”谐音寓意“福”，配以象征吉祥的香草纹，表达了白族人民对幸福吉祥、万事如意的愿望；荷花香草纹，将荷花和香草两种不同元素同构，中国传统文化中荷花代表吉祥如意，荷花在佛教中具有很重要的地位，和谐、美满、幸福、吉祥等正是荷花香草纹的寓意。

伍　对称均衡

对称与均衡是纹样形式美的基本法则。对称与均衡是自然界的一种表现形式或现象，天与地、东与西、人的双眼双耳、树叶的经脉、蝴蝶的翅膀纹样、昆虫的触角等。人类从大自然中不断学习与创造，运用对称与均衡的法则不断创造与丰富世间百态，如：北京古建筑以故宫为轴线分部两侧。正是这种均衡对称的艺术之美，在历史长河的洗礼下屹立于现代社会中。

对称又称均齐，是指假设有一个中心点或中心线，在假定的中轴线的两侧或上下周围配置同形、同量、同色的物体，有左右对称、中心对称、辐射对称等。对称在图案艺术应用中也是极为普遍的一种形式，例如，所有图形的单次二方连续都是对称的，对称是其最典型的构图方式，二方连续图案以一个图形为副本，无限的复制、粘贴，是一种绝对的平衡。对称给人完整统一、和谐平稳、冷静舒适、端庄大方的感觉和有秩有序、结构规则、严谨合理、高贵静穆的视觉美感，富有浓厚的装饰意味，但与自由形式相比则缺少了一些动感。对称被广泛地应用在建筑、绘画、服饰中。中国人讲究“好事成双”，因此对成双成对的图案和纹样特别喜爱，以达到心理的平衡与满足。中国的太极图，对称而不对等，是中华民族智慧的象征，“一阴一阳谓之道”，太极图的线条简洁、图像简单，但却是最深刻、最丰富、最完美的图案，一个简单的太极图揭示出了万物的本源及一切事物的自然规律，暗含了刚柔并济、动静结合、阴阳相生、长流不息的思想渊源。“喜相逢”、“鸾凤和鸣”、“龙凤呈祥”等中国传统

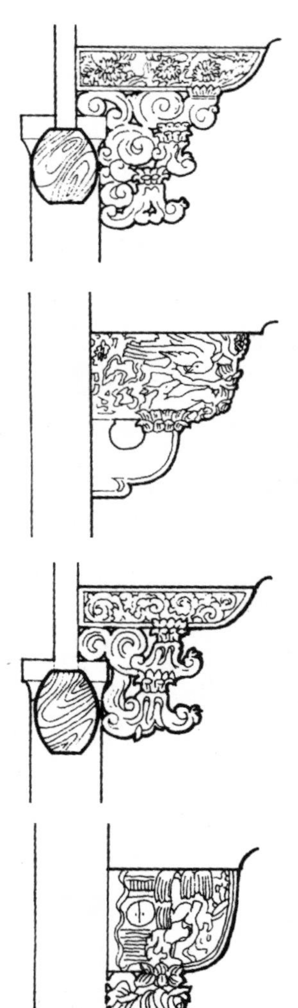

图3-16　图3-17　图3-18　图3-19
浙江兰溪市诸葛村祠堂梁托

图案都是这种上下正反互相转化的吉祥图形。

而均衡则是相对的平衡，在形式上，由形的对称转化为力的对称，不要求在数量、位置、色彩等方面完全一致，而是在视觉和心理上有一种平衡等量感，是对称的变体表现。均衡不代表对称，可以分为对称和不对称两种。均衡和对称相互补充相互联系。均衡包含着一定的对称，而对称一定会体现出均衡的感觉。以彩陶为例，我们从中可以看出中国传统图形擅长于用巧妙的线条和左右飞舞的笔锋勾画出极富动感的图形。设计者围绕着几个点，挥动游龙舞笔，酣畅淋漓地把原始的音符以点、线、面的方式表达出来，形成千变万化、美不胜收的图形。均衡的图形能使人感受到平静、稳健、舒适，是人本能生理要求的一种，不均衡的图形会使人感到动荡、杂乱。均衡式的构图主要包含有S式、交叉式、重叠式、涡形式等式样，在图形设计中，这种构图方式较为生动活泼，静中有动、富于变化，图形中存在的一些跳跃性、灵动性、不规则性和感性的元素，给人以同量不同形的感觉，也实现了人心理上的平衡。它没有明确的对称轴或对称点，而是围绕视觉中心排列元素。构图中点、线、面的位置、间隔和排列方式对均衡画面起着重要的作用，同样，在色彩上，也可以通过明暗、纯度、亮度的变化而体现均衡，如色彩浓淡的差异，色相的强弱、色块的大小等相互协调，以实现视觉效果上的统一。

对称给人平静庄严、统一有序之感；均衡给人动静结合、跳跃灵动之感，但前者过于规律而缺少了一种流动的美感，后者有时因变化过快缺少端庄的美感，因此，若能正确地处理图形的对称性和均衡性，便具备了基本的形式美。

上 图3-20 新石器时代仰韶文化之彩陶卷草纹

下左 图3-21 青花梵文莲瓣盘

下右 图3-22 青花梵文盘

陆　繁复有序

繁复是指图形中的各个元素变化多端、形态绮丽，有效的繁复是一个加强画面表达能力和艺术表现效果的有效方法，并赋予作品独特的灵魂。有序是指各个部分之间的配合、关联和一致，使组织形成一定的连续性，构成新的节奏韵律形成新的形式美，并保持整体性和统一性。繁复的图形如果没有条理就容易显得杂乱，没有视线集中的中心，因此有序也显得尤为重要。作为装饰，复杂纹样更具有这种效果，图案纹饰反复性和连续性的使用，使画面更加乱中有序，气势磅礴。除此以外，复杂图案的排列组合使其本身千变万化，富于趣味性、观赏性。在有序中创造繁复变化，可以构成一种有规律的节奏韵律，比如：荷叶与荷花在荷塘中反复排列穿插，有的完全绽放，有的则含羞待放，在有序中自我重复，在重复中自然有序，这是大自然教给人类的客观规律，也是人类在装饰图形创造中遵循的重要规则。繁复有序是装饰图形艺术所特有的一种美的形式手法。

由于连续繁复的图形形式、排列方式、色彩等都是有规律的，因此各种色彩虽然对比强烈、造型之间相互冲突，产生各种矛盾，但最后在形态、颜色、质量、空间等方面动态平衡的，这样自然形成一种主从的、和谐的统一关系。改变同一种形态的大小、改变同一种颜色的浓淡可以让作品增加层次和节奏的美感。繁复有序局部的变化与整体的统一之间巧妙的结合，从某种角度来说也是强调了想表达的事物。

上左　图3–23　刻花银盘上的禽鸟卷草纹

上右　图3–24　石青直经纱地纳绣团花　清

下左　图3–25　鸟兽葡萄纹穿枝花刻花银碗　唐

下右　图3–26　敦煌壁画佛像头光上的如意花卉纹

和谐和规则互为韵律，直线体现了速度，曲线蕴含了流动，形状大小的变化延续了节奏，卷曲的草纹和飞舞的火纹呈现出内部结构的丰富性和层次的多样性，富有诗意和韵味，从各个方面表达出事物的内在秩序和不息的生命力。韵律产生节奏，图形的节奏包括线的节奏和色的节奏等，只有当这些节奏按照一定的节拍体现出来，才能真正传达出图形的有序，犹如音乐乐曲的旋律一样，高低长短、轻重缓急等丰富的变化使装饰图形更加有动态节奏感，赋予作品无穷的精神、魅力和韵味。

柒 随型赋饰

随型赋饰是指装饰纹样没有固定的形态，而是根据所欲装饰的器物的形态给予适合的装饰。在古代装饰文化中，随型赋饰是一笔宝贵的财富，有效减少了因不懂变通而使装饰图形变得呆板甚至奇怪的情形发生。我们说“相体裁衣”，装饰图形也是如此，在讲究形式美的基本法则的同时，必须与实际装饰物体相结合。如花瓶的装饰按照瓶底、瓶身、瓶颈、瓶口的转折形态按一定的美的规律给予大小不一、虚实不等的任意图形装饰。彩陶舞蹈纹盆高 14 厘米，口径 29 厘米、底部 10 厘米，这件杰出的彩陶工艺品精妙之处在于利用器物的固有造型进行装饰设计，盆的内壁边缘饰有舞蹈人三组，舞蹈纹每组五人，头戴辫发手拉手。舞蹈人足下的四道平圆圈线，好似整个盆就是湖面，舞蹈人在湖边表演。彩陶盆的外壁用三道线装饰，模拟捆扎陶盆的三道绳圈。利用随型赋饰的方法表现了一种独特的意境美，这是其他造型原理所无法完成的。

左 图3-27 五彩团鹤寿字葫芦瓶

右上 图3-28 黑漆描金风景图方胜式盒 清乾隆

右下 图3-29 彩陶舞蹈纹盆

组织形式

Formatting

组织形式是图形的构成形式类别，包含了：单独式、连续式、适合式、重叠式、太极式、角隅式等形式。

壹　单独式

单独纹样既可以是单独存在的，也可以以各种不同的组合方式来构成其他纹样或者图案，它被人们视为最基本的图案形式。单独纹样没有边框和外轮廓，不受固定规格的限制，变化较为自如，易于造型可以发挥个体的装饰作用，而不用依靠其他的结构和部门，但如果作为适合纹样和连续纹样的单位纹样，则需要有严谨的结构，以免在变化过程中图形变得松散和不连贯。

从单独式纹样的布局来看，单独式纹样分对称式和均衡式两种形式。其中对称式又包含着绝对对称和相对对称两种形式。绝对对称图形以对称点或者对称轴为中心铺展开，从色彩形状等方面处处透露着严谨规律和极强的条理性。从对称的角度来看，分为上下对称，左右对称，角度对称三种形式；按照组织动势划分又可以分为相对式、相背式、交叉式、向心式、离心式和结合式；而相对对称是指纹样总体外轮廓呈现出对称的状态，但是局部上存在着形式或者数量方面的不完全相同的组织形式，给人有动静结合、相辅相成、互相制衡和稳中求变的视觉感受。均衡式纹样又被人成为平衡式纹样，它的构成形式打破了对称轴或者对称点的约束限制，结构上比较自由化，这样一来保持画面的中心点就显得尤为重要了。一般要从重量、空间、色彩、动势四个角度把握其平衡。均衡式纹样通常有着较为鲜明的主题性，可以进行自由的穿插安排，风格上更是灵动多变，生动活泼。

右页 图3-31 北京故宫石刻上的锦地花卉纹 清

左页 图3-30 民间剪纸

贰 连续式

探究连续式纹样的源头，可追溯至六千年前的仰韶文化，这充分证明了我国古代先人们早在历史久远的远古时期就已经对图形有着重组整合的设计意识。它是将设计好的“单位纹样”按照一定的格式和上下左右的方向重复排列组合，形成的具有连续性的图形，十分强调各个元素之间的联系。连续式纹样的排列方式有纵式、横式、斜式及组合式，特点是可以无限量的延续排列组合，取得画面统一的效果。

连续图形可分为二方连续图案和四方连续图案。二方连续图案也称花边图案，向左右连续排列的为横式二方连续图案，而向上下连续排练的为纵式二方连续图案。在排列方式上，有散点式、连圆式、直立式、倾斜式、波浪式和综合式。其中，散点式并无规定点的数量，但较为注重各个图形元素的距离与节奏，整体上体现出一种序列感与整齐感；连圆式是以整圆或半圆为骨架，有一定曲线变化；直立式为向上或向下排列，常给人以庄严肃穆的感觉；倾斜式即沿着斜线方向排列，较为与众不同；波浪式以单波浪和双波浪为主，纹样以波浪线为准进行排布，具有较强的动感、动势。但由于波浪式变化较多，应避免产生混乱；综合式是综合使用以上形式，此种方式最为丰富多变。二方连续图案的题材以花卉和蔓性植物，以及几何、回形纹为主，常用在装饰品的边缘，如口部、底部等。四方连续图案是同时向上下左右四个方向连续排列的图形，可以循环反复地进行延续，一般按照方形、菱形和梯形形状排列，也会在重复的单位纹样之间穿插一些不同的图形以起点缀作用。主要有散点式、连缀式、重叠式这三种类型的组织形式。四方连续图案中的纹样种类多种多样，结合各种构成方式能够创造出无数的纹样图形。它常被用于纺织材料和地砖、壁纸等大面积物品的装饰上，因其重复的特性而使物品更加细腻典雅，具有很好的装饰效果。

上 图3-32 海棠花纹花窗

中 图3-33 喜上眉梢

下 图3-34 图3-35 砖雕门罩局部 双鱼

叁 适合式

适合式纹样是由一个或多个单独式纹样组合而成，在某些具有特定意义的外形轮廓中，纹样进行排列组合填充于内，外部轮廓与内在图案相得益彰，相互映衬，从整体上来看，整个结构都透露出一种规则、严谨与高度秩序的感觉。适合式纹样主要有形体适合、角隅适合、边缘适合三种形式，在结构上有离心式、向心式、均衡式、对称式、旋转式集中，适合式纹样有着多种形状，如圆形、半圆形、三角形、方形、菱形、五边形、八边形等几何形，也有梅花、葫芦、石榴等物体的外形。

适合图案讲求纹样在既定形状内的充分适合，不一定要百分之百吻合边缘轮廓线，可以稍有出入有些变化，但在整体上尽量与外轮廓保持一致，讲究图案内部结构与外部轮廓进行巧妙的结合，否则就会破坏图案的整体和谐之美。适合式纹样在视觉上使人产生具象中含有抽象、抽象中表现具象的感觉，感觉因素与视觉因素以多种形式协调地融合在同一图案中，这种“随形赋饰”的适形原理对后来的艺术创作思路提供了多种可能。

在我国古代漫长的工艺美术发展史中，以适合式图案为装饰的各种物品可谓是不胜枚举，在不同领域中适合图案与装饰对象本身的特点加以结合融汇，为我国的工艺美术留下了灿烂的文化遗产。如苏州众园林里墙壁上随处可见的漏窗、各朝代皇族贵胄们服饰织锦上的图形、女红绣品上的纹饰等都可以看到它的身影。至今，适合式图案因其本身特有的装饰之美仍旧有着深远的借鉴价值意义。因此，把适合图案中设计的传统之美注入当代的图形设计中，把传统精华与当代趋势进行糅合，才能在中国设计真正引领世界设计趋势动向的道路上做出有效贡献。

肆 重叠式

重叠式图形是在单体纹样中重叠应用两种不同的“浮纹”和“底纹”的图形形式，浮纹处于上层，为主要纹样，底纹处在下方，为浮纹的衬托，为次要纹样，在应用时要注意以表现浮纹为主，底纹尽量简洁，以免层次不明、杂乱无章。方胜纹样是典型的重叠图形，基本造型是由两个正方菱形压角相叠构成，相叠的部分为一个新的四方菱形。明清时期的瓷器上常使用重叠式纹样，优点是在构图复杂的情况下，也能保持密而不乱、密中有序，同时对比强烈，明朗清新而富有变化。

我国古代宫廷或庙宇里顶棚的藻井也可以发现重叠式形式图案的存在。藻井的结构上呈现出以中心为对称，以中间主体装饰部分为中心，向四周形成层层叠叠的发散状的套叠图案，层次分明，主题鲜明。

伍　太极式

初观太极图，首先其外沿是一个完整的圆形，这要源于我国古人对太阳和宇宙天体的理解与崇拜。在新石器时代出土的彩陶上，已经出现了以“S”形线将圆形分为两个部分的图形。一阴一阳、一虚一实的两个部分围绕着中心点回旋不息，合在一起便组成一个整体，体现了既和谐又对立的美感。它又名“阴阳鱼太极图”，是中华典型文化符号之一，随着道教的兴起与发展，太极图有着卜断凶吉的含义，并逐步被先人们视为镇宅驱凶的一种符号，它的吉祥寓意越发鲜明了起来。此后，以它为基本型进行变换可得到多种图形，为后世的图形形式创造了无限可能。由太极式图形演变出的构图方式被称为“一整二破”，随着装饰图形复杂程度的不断增加，太极图两部分的空间内逐渐变得丰满起来，如用各种植物、动物纹样按照一定规律进行排列。虽然元素有所增加，但图案本身所具有的动感和韵律并没有因此减少。如在清代的刺绣图案“喜相逢双蝶团花图”、“二龙戏珠图”都可以从它们身上看到太极式构图的方法。

太极式图形的设计表面上是自在而安详的感觉，实际却处在永远运动的状态，代表了生命的不息与前进，具有丰富的内涵。它很少作为单独纹样使用，使用时也不会加边框，大多都作为适合纹样、连续纹样或综合图形中的一个部分或一个元素，因此在图案和形式感上变化较自如，不受太大约束。同时它也很注重画面两部分之间的互动，即使两个部分分开，却给人一种遥相呼应、互相衬托之感，也体现了图形本身所具备的平衡之美。

太极式图形不仅在形式上传递着艺术美感，而在现代设计中，以太极图形的构图方法为基础并在这之上加以改良改进的家居产品设计、包装设计依旧能够看到它所传达的和谐共生、相辅相成、对立统一的美感。

图3-36　云南民间绣花方巾

左上 图3-37 描油莲蝶纹长方盒 清

左中 图3-38 彩漆戗金海棠仙盒 清乾隆

左下 图3-39 五彩龙凤戏牡丹纹盘

中 图3-40 慈宁宫六字真言天花

右 图3-41 临西亭玉兰海棠牡丹海漫天花

陆 角隅式

角隅纹样是在一定的形体周边或边角设计装饰的一种纹样形式，因作为角的装饰而又被称为“角花”，经常用作衬托主体纹样和辅助装饰。受直角三角形空间的限制，在九十度的直角范围内，角隅纹样首尾需要相互连接或形态造型有呼应关系。在布局方面，角隅纹样的分布特点与外框边型有关，大致可分为一角、对角和四隅、五隅、八隅等，适用于方形、扇形和一些特殊形状的装饰单元，如蛤形等。在对角和四角装饰时可以有图形大小的区分，如一大一小或两大两小。它的基本骨架组织形式为对称式和均衡式。我国古代器具——角隅纹样的主要装饰实体对象的造型特点来看，角隅纹样的三角形基本框架具有极强的穿插能力，因此在我国各类工艺美术品都得以大量的使用。同时，由于角隅纹极有可能与其他形式的纹样，如适合式纹样、均衡式纹样等一起构成图形，且位于四周边角处，这样它们一起所装饰的器物、器具既突出了纹饰主体，又让图形的整体呈现出层次感，利于观念和审美的表达。

唐代金银器中常使用角隅式纹样，其中因器物形制和主体纹样的限制在图案的组织形式与题材上有着其自己的特色。唐代金银器角隅式纹样的主题既有本土图形，也吸收了外来文化，相互结合后不断创新。在组织形式上，常见的有缠枝纹、折枝纹、忍冬纹、花结纹、团花纹等；在题材上，多以动植物为主，还有部分人物和一些几何化图形，其中以植物纹最为常见。

角隅纹样同样会出现于在宫殿庙宇建筑中的室内顶棚的装饰部分——藻井。根据藻井图案的整体呈现效果来看，由于其层层套叠相加的图形层次关系而产生的边角为角隅纹样的装饰提供了空间位置。角隅纹样在剪纸、地毯中的应用同样较为广泛。

构图格律

Composing

使用类似于米字格、九宫格等高度严谨的图形；平视体构图：构图方式相对自由，不需要遵从类似格律体的严格限制；立视体构图：是从平视体演化而来，比平视体体现的视角更加开阔，追求在二维空间中营造出三维效果，使画面产生起伏、节奏和韵律。

壹 格律体

格律体构图：即使用类似于米字格、九宫格等高度严谨的图形，进一步创造出更丰富多彩而又充满规则感的格律纹样形式，以曲直方圆几何形骨骼作为基础框架，从经纬线、对角线中运用巧思，上下、高低、前后、左右，主体、宾体、大形、小形、曲线、直线等空间虚实之间安排布局。它和谐稳定的格式化特征与体现出的骨骼变化多样、不拘一格的情趣意味，使得它在我国传统图案的构图方法中的应用十分广泛，如汉砖、铜镜、民间蜡染、敦煌藻井以及地毯的设计等中都有体现。

藻井的装饰纹样以格律构图最为典型，藻井是我国传统建筑中在天花板上作的处理装饰，受建筑形状的限制，一般为圆形、方形的凹面，正因如此，将规整的天花板按比例进行等分后，即可进行创作和绘制，也可以取得华丽、丰富的装饰效果。藻井的图案主要以方形和圆形的框架结构向外扩展延伸，不同的层级在相应的框架内十分清晰明了，彼此间有明显的差异。因此，格律体的构图形式具有一定的“程式化”，也较为容易达到“装饰化”的效果。

图3-42 碧螺亭楠木贴雕折枝梅天花

在北京式地毯中，其设计中的构图对格律的讲究尤为突出。米字格的基本骨骼是最典型的北京式地毯构图，其骨骼两侧的装饰纹样为对称图形，地毯的中心位置以较大体量的装饰纹样组成一个“奎龙”，而四个角分别以次于中间部分的装饰纹样构成“角方”，这种布局形式被俗称为“四菜一汤”或“四角一中”。这种均衡的组合方式，使得整个地毯的装饰构成画面带给人一种高度平衡的状态。中

图3-43 图3-44 山东烟台剪纸

心较大体量的装饰图案为米子骨骼的交叉中心部分，仿佛以一种均衡的力量向四周形成一种拉力和吸引力，这种格律体的构图形式使得整体画面元素保持一种规矩化、程式化的对称，图形中具有历史传统、文化观念的寓意于其中，规矩中不失情趣。

贰 平视体

平视体构图：构图方式相对自由，不需要遵从类似格律体的严格限制。在图形绘制中，它完全打破了“焦点”透视的概念，摒弃了时间、空间还有比例关系的约束，而且，完全把自然景物的位置抽离于原本的画面中，并运用主次、对称、均衡的形式规律将形象统一。

平视体构图的视觉景象是一种较自由式的构图，不受格律的限制。就像与我们的眼睛处在同一水平线上，各个图形轮廓清晰、互不遮挡。图形画面徐徐展开，不强调立体的效果，甚至刻意削弱明暗立体表现，这种构图的优点是不受画幅大小、不受空间，甚至可削弱考虑构图的需要，所以适合于表现复杂的场景。同时，平视体构图的二维平面化，减少人们在观看时候的心理压力，带给人平和、安全、轻松的心理感受。

平视体的构图让创作者以展开式的思维方式进行绘制创作，可以打破时间、空间的限制，不拘泥于客观规律，使不同时空的物体都能在同一个平面中得以呈现。三维甚至是多维的空间都可以通过动态思维连续描绘，最终以静态的画面表现出来，该手法带来创作空间的自由使平视体构图在各种陶瓷、漆器、剪纸的装饰图案中应用十分广泛。

平视体构图的景象不强调立体的效果，形象简练单纯，多用以表现侧面，不刻意地去追求空间的纵深层次。很多民间艺术例如剪纸，就是把司空见惯的人物形象和自然景观通过平视构图的方法，统一到画面中，用纸张的局限性来表达思维的无限性，用二维的平面感来代替三维的纵深感，使最普通的农民劳作或者妇女刺绣等的平常生活景象转化为生动有趣的艺术创作。繁复杂乱的图案被简化，画面重点被突出，扁平的造型成为民间剪纸的特色。所以，民间剪纸最具特色的魅力就是在平视体构图的基础上完成的，剪纸艺术家们不拘泥于客观规律，从内心出发，用他最纯真的艺术天性，表现其心中的艺术客体。

叁 立体式

立视体构图：是从平视体演化而来，比平视体体现的视角更加开阔，追求在二维空间中营造出三维效果，使画面产生起伏、节奏和韵律。在中国传统的绘画中常使用立体视构图方式 ，用平行透视的方式画出单个图形或整个场景的立体的效果，不受聚点透视法的限制，层层叠加推进画面，使画面具有丰富的层次感和纵深感。

立体式构图多以中心主体向外辐射状构图，画面从中心主体图形出发呈放射状向四周扩散，着重刻画描绘中心部分图形，越往外通过改变其他图形的大小，来突出主体图形，达到一种因近大远小画面所形成的空间层次与纵深感，同时为画面增添真实感。

中国传统绘画、传统民间版画、民间年画等常用此构图形式。以中国传统民间年画为例，民间年画中力求“满”的构图特征，“满”象征美好富足之义。在年画中使用立体式的构图，常用平面四边形画出三维立体效果，一方面加强了画面的装饰性效果丰富了画面，同时具有空间感。另一方面，立体式构图同“散点式”构图有异曲同工之妙，因不受聚点透视法的限制，同时年画一般具有祥和之意，因此，画中的无论男女老少都必须持有象征性的物品，人的五官必须是能看得到的，因此画面中的人物安排一般互不遮挡，且多以正面表现。立体式构图以更开放的视角来布局画面，使得画面中各部分造型能够通过多角度来表现，同时处理画面的时候能够充分表现物体的运动过程与变化，最终使得画面饱满而清晰。

图3-45 弥勒三会 中唐
莫高窟186 窟顶北坡

卷四

解读之美

The Beauty of Interpretation

题材分类

壹 植物造型
贰 动物造型
叁 人物造型
肆 器物造型
伍 字符、几何造型

形式分类

壹 剪纸
贰 皮影
叁 灯彩
肆 年画
伍 刺绣
陆 面具

载体分类

壹 建筑
贰 青铜器
叁 漆器
肆 染织
伍 金银器
陆 瓷器
柒 玉器

审美程式

壹 对称美
贰 对比美
叁 节奏美
肆 连续美
伍 重复美
陆 平衡美
柒 整齐美

题材分类

Theme Classification

中国传统图形，经过了千百年来的长期发展，图形内容丰富多彩，题材千变万化，成为我们非物质文化中的宝贵财富。由于发展历时漫长，各个时期的图形有不同的流行元素，根据题材来分类进行研究，大致可以分为：植物造型、动物造型、人物造型、器物造型、字符造型、混合造型。

中国传统图案是民间喜闻乐见的寓意祈求美好生活的一种艺术表现形式，是指以含蓄、和谐等委婉的手法，构成具有某种吉祥寓意的装饰纹样：它将语言与图案完美地结合起来，代表了中国传统的民俗习惯。吉祥图案不仅仅表现的是人们对于美好生活的希望和寄托，而且它始终贯穿于人们的日常生活之中，与人们的生活紧密相关。

吉祥图案是从商周时候开始出现的，到了唐、宋时期得到了进一步发展，明、清时期吉祥图案的发展已经接近于顶峰。图形与文字一样，不仅用来记事情，也用于抒发个人的感情与寄托之情。

在历史发展的长河中，中国古人创造了很多寓意吉祥幸福、如意安康的图案。他们将人物、花鸟、走兽、文字等图案巧妙地运用到了一起，通过象征、寓意、借喻等艺术手法，创作出许多集美观与美好寓意于一身的吉祥图案。

飞禽走兽、花鸟虫鱼等生物的形状以及它们生活习性，会让人们对其充满了想象与猜测，因此远古时代的人们通过自然界的事物形态创作出了伟大的图腾文化。另外考虑到意境美的因素，人们不用直接的方式来表达感情，却用婉转、含蓄的方式来表达感情，所以自然界的不同类型动植物由于各自的生长环境和生长特点，从而具有了独树一帜的自然形态特征，而这就可以让劳动人们借用来表达内心的情愫和志向，这些事物的图案也被赋予其代表的象征意义。

上 图4-1 莲花纹三彩陶盘 唐代

中国传统图形的题材传统图案内容丰富，题材广泛，数量繁多，历经我国13个朝代，虽然每个时期流行图案不尽相同，根据题材的不同分为以下几个大类来进行分析研究：植物造型、动物造型、人物造型、器物造型、字符造型、混合造型。

壹 植物造型

植物在人类生活发展中举足轻重，因此人们对于植物纹备加推崇。早在原始时期，彩陶装饰上便出现了植物纹样。植物纹样的发展历经了从简单到复杂的发展过程，而真正将植物纹样的发展推向高潮的是唐朝至近代。唐之前，植物纹样以组合形式出现，南北朝后佛教的传入，带动了对植物图形的新发展。在雕刻、绘画中，忍冬纹、莲花纹、葡萄纹、卷草纹大量出现。这些植物造型样式繁多，变化多端。唐朝植物纹的发展，是外来文化与中华文明结合的产物。唐朝著名的忍冬纹，葡萄纹，番莲纹，葫芦纹，联珠纹先后从中亚随佛教传入中国，在发展的过程中，与中华文化融合，被赋予了不一样的内涵。

人们对植物纹样赋予了不同的吉祥寓意。如佛手多福，牡丹富贵，荷花清莲，石榴多子，松柏长寿等。植物纹样，不但内容丰富，而且几乎每一种纹样都有其对应的内涵，体现着特定时代的审美意识，概括了特定民族的文化精神，所以，不同时期、不同民族对于植物的喜爱和赞美也各有异同。尤其是花卉植物，它是很多装饰艺术创作的客体，由于它在中华民族发展中，一直处于特定的文化氛围中，所以，它渗透了中国传统审美观念和文化精神。从图形设计的角度看，在"葫芦

下 图4-2 南社村建筑大门门框上的石雕饰图

生子”、“石榴生子”或“瓜里生子”这些表现题材中，图形往往将植物的果实部分夸大，同时将鲜艳饱满的籽粒凸现在画面上，旁边还伴有玩耍的孩童，寓意十分明确，主要表现对多子多福的期盼。

上左　图4-3　蓝地斗彩荷莲纹绣墩

上右　图4-4　青花缠枝花纹天球瓶

中左　图4-5　青花缠枝花纹碗

中右　图4-6　青花折纸花果纹盘

下　图4-7　象牙雕花卉纹填黑漆地笔筒　清早期

贰 动物造型

祥禽瑞兽往往代表了吉祥、长寿，表达了人们对于美好生活的向往，吉祥图案的历史起源最早可以追溯到氏族公社时期的图腾崇拜。由于古代人类生活生产水平低下，对于洪水火灾，野兽侵袭等自然灾祸难以抵御，对于生老病死等自然现象难以理解，因此，为了抵御这种不安与恐惧，古人们就用一些特殊符号或者图画，大多数是以面目狰狞的兽类作为图案，以驱赶厄运和灾害，祈求美好生活作为古人们精神上的寄托，这种图案形式就是图腾。远古时期，人类祖先生活在大地上从事最朴实的生存活动。然而大自然瞬息万变，滋养万物的同时也给人类带来不可抗拒的灾祸。人类无法解释和控制自然万物，因此产生出对万物的自然崇拜和敬畏心理。在新石器的一些陶器上，已能见到先民对动物的崇拜。如甘肃马家窑文化半山类型的彩陶人形器盖，人的头部至后肩卧有长蛇。在仰韶文化、大汶口文化和河姆渡文化陶器中也表现出鱼，蛙，鸟等动物纹样。由此也可窥见远古时代人类的生活日常。人们对于自然万物的崇拜逐渐升华，形成特定纹饰。

殷墟时期的青铜器中，龙蛇纹，凤鸟纹，蟠螭纹，蝉纹等图腾纹样经常作为器物的装饰纹。早在商朝已经有龙纹样的出现，所以中国人长久以来自诩为“龙的传人”，而龙，更是一直被尊为“神兽”，皇帝的子嗣被称为“龙子”，它是权力和威严的象征，更是祥瑞的最高象征，是中华民族的标识，在历史文化发展中，以龙为主题的图案比比皆是，“双龙戏珠”、“龙凤呈祥”等。凤凰，是地位仅次于龙的瑞兽，它也是吉祥的象征，被誉为百鸟之王，凤凰形象，颜色绚丽，富贵华美，平民和贵族都极为喜爱，传统文化中也有很多关于凤凰的图案，比如“双喜双凤”“百鸟朝凤”等这些图形都能看出凤凰的地位，同时都有祥瑞之意。另外还有麒麟，因其性情温和，自古被称为仁兽，是圣王之“嘉瑞”，凡是有它出现的地方，必会有祥瑞之事，据记载，麒麟能从日月开始飞翔，是天上的星宿，成“五行之精”。四神，又被称为四象，在古代是称指方向的星辰，分别以青龙、白虎、朱雀、玄武为吉祥守护神。历代君王对朝廷文武百官的服饰也做了详细而严格的规定，各个不同品级的官员服饰图案有明确的标示性。

上 图4-9 青花麒麟纹盘

下 图4-8 青花海水异兽纹盘

民间的祥禽瑞兽图样大量出现在日用品及服饰中。以动物为原型的传统图形造型别致优美，种类繁多齐全，一般我们将其分为两大类：一类是包含福、禄、寿、喜、财寓意的动物造型，比如，蝙蝠的“蝠”与福气的“福”同音，也暗含“福祉”之意，《书经》中“九五福，一曰寿，二曰富，三曰康宁，四曰修好德，五曰考终命。”人们用五只蝙蝠围住寿字表示“五福临门”。装饰在门楣，蚊帐端，窗格等处。鹿与“禄”同音，而禄即福也。由于绶带鸟的“绶”与长寿的“寿”同音，并且龟的生命周期很长，因此这两种动物的图案都包含“寿比南山”之意。喜鹊因为其名字带喜庆的“喜”，所以都在欢乐的时候使用带喜鹊的图案。除此以外，还有成双成对的鸳鸯比作恩爱的夫妻，年年有“鱼”表示年年有余之意，蝴蝶表示耄耋等；另外一类是与我们每个人都有联系的十二生肖图形，每个生肖都有各自的吉祥寓意，如“扭（牛）转乾坤”、“虎虎生威”、“三阳（羊）开泰”“大吉（鸡）大利”等。民间的祥禽瑞兽图形与上层的祥禽瑞兽图形艺术形式最为不同的是，民间动物造型多质朴纯真粗犷，具有朴素与温情的美感。如儿童服饰中，老虎造型有力，大眼炯炯有神，虎头鞋、虎头帽活泼可爱，充满生气。

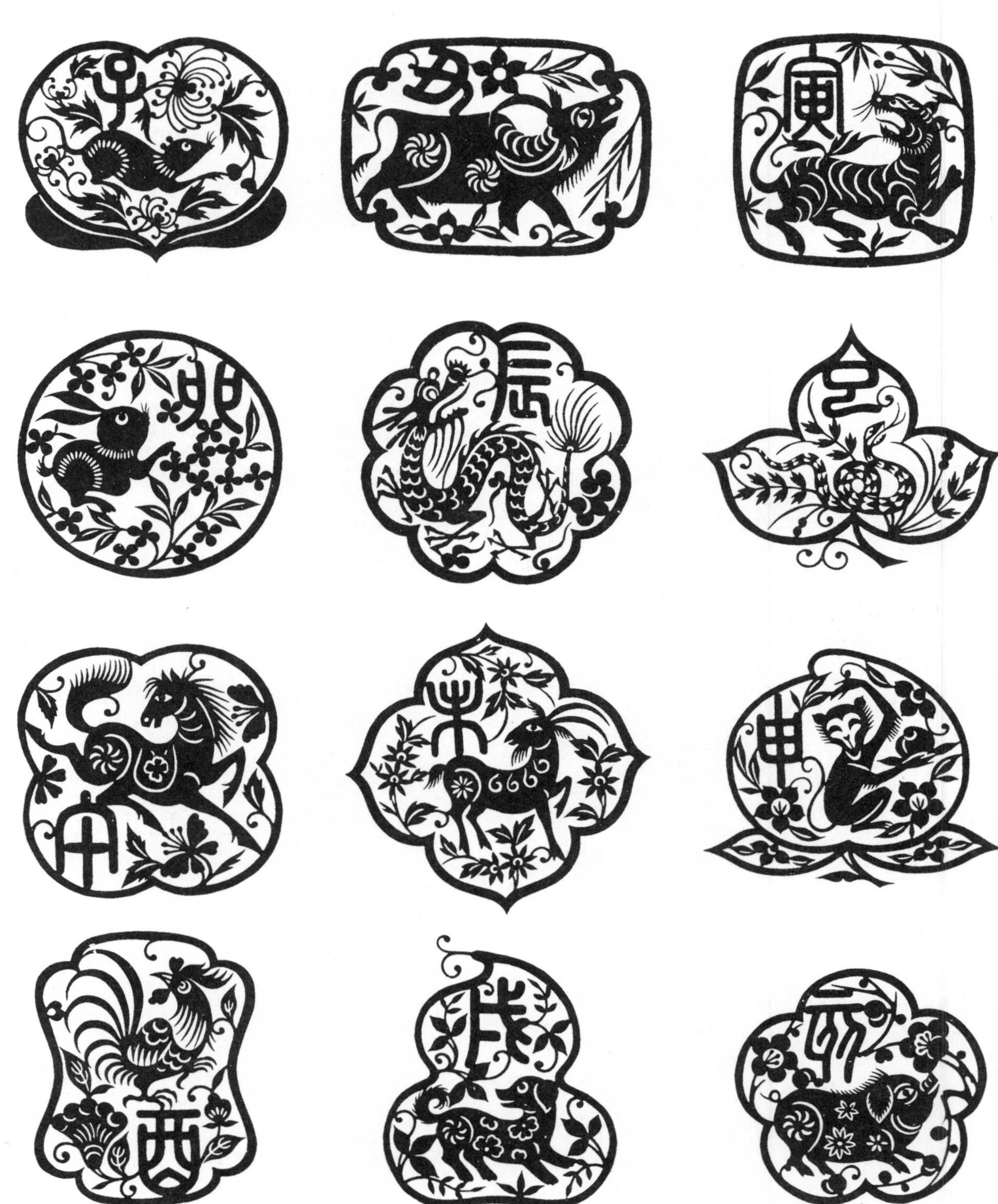

图4-10　南京殷嘉才剪纸十二生肖

叁　人物造型

上　图4-11　戏曲人物　112厘米X59厘米　清代　扑灰年画

下　图4-12　十二生肖剪纸　山西省静乐吕绪全作　段改芳供稿

以人物为原型的传统图形一般能分为三个大类：一类是神灵。古人由于其科学技术发展的局限性和当时生产力水平的低下，他们对于很多自然现象无法解释，于是就虚构了很多心目中的救世主。人们为自己认识范围内的神灵画像、雕塑、建造庙堂、供奉朝拜，为自己及家人祈福，表达了他们期盼安居乐业、风调雨顺的愿望，所以以神灵为题材的人物图形一般都被赋予了美好的意义，如：女娲造人、后羿射日、嫦娥奔月、八仙过海、土地公、门神、福禄寿三仙、等等。另一类是历史人物。历史上的名人一般都是推动历史发展或者为平常百姓做出杰出贡献，于是受到古人们的敬仰和崇拜，比如黄帝、夏禹、孔子等，所以各个时代的绘画、石刻、建筑装饰上都能找到以历史人物为原型的传统图形。还有要提及的一种人物图形是普通百姓，出现较普遍的是男童、渔翁等形象，而且常常与其他含有吉祥寓意的动植物结合出现在画面中，如“渔翁得利”、“牧童放风筝”象征着春风得意，“五子闹弥勒”象征着合家欢喜，“麒麟送子”象征着子孙绵延，“儿童攀枝图”象征金榜题名等。

上左 图4-13 剔黄寿春图圆盒 清中期

上右 图4-14 五彩花篮图盘

下 图4-15 攒斗浮雕 人物故事

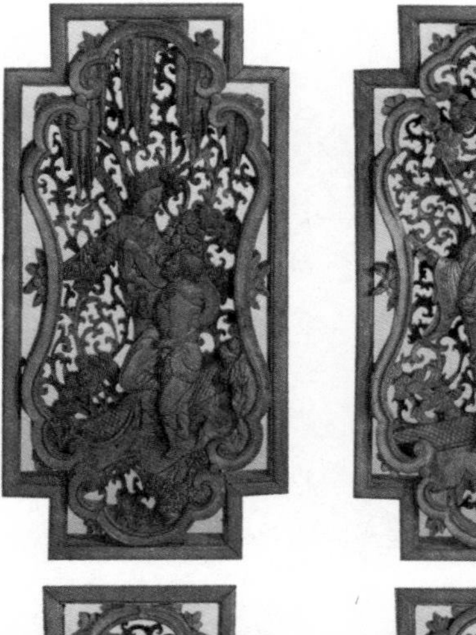

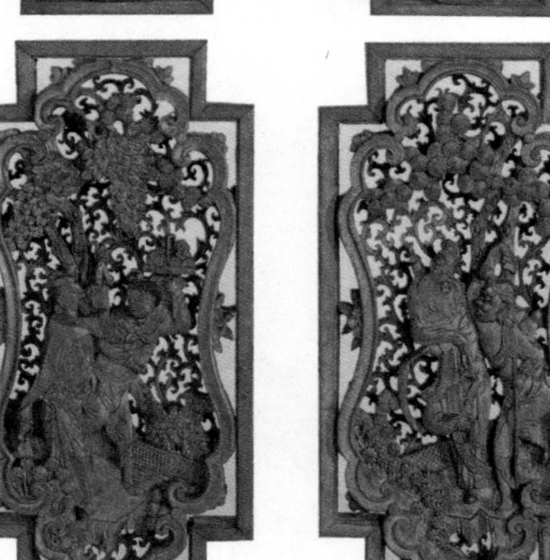

肆 器物造型

由于人们生产生活的需要，器物成为人类生活中重要的生活用具。因此，将器物以图形的方式加以艺术化的处理，装饰在各处也成为人们对图形设计的方向。如将钟、磬、珊瑚、如意等象征美好寓意的器物运用特殊的手法艺术化处理，演变成新的装饰图形。如意原是指一种器物，柄端作手指形，用以搔痒，可如人意，因而得名。也有柄端呈心字形的。以骨、角、竹、木、玉、石、铜、铁等制成，长三尺左右，古时持以指划。和尚讲经时，也持如意，记经文于上，以备遗忘。近代的如意，长不过一、二尺，其端多作芝形、云形，不过因其名吉祥，以供玩赏而已。按如意形做成的如意纹样，借喻“称心”、“如意”，与“瓶”、“戟”、“磬”、“牡丹”等纵成民间广为应用的“平安如意”、“吉庆如意”、“富贵如意”等吉祥图形。璎珞纹最早是在元代景德镇和龙泉窑烧制的观音、菩萨瓷制塑像上被发现。一般都是用瓷泥的小圆珠直接贴在瓷胚上，或者使用细瓷泥条整条黏贴于瓷胚之上以后，将其划分成接近于圆点的横段，来组成璎珞图形，配合着宗教人物形象，装饰效果极强，神秘氛围浓重，立体感强。明代开始改用笔绘璎珞纹，明嘉靖时最为流行。珐华器采用立粉画法，青花器与五彩器则采用笔绘手法。首都博物馆藏明成化珐华八仙纹罐，在罐的肩部饰一周璎珞纹，与腹部八仙过海纹相呼应，宗教意味浓厚。也有作为一般流行纹样应用的，如明中期珐华花鸟璎珞纹罐。

左 图4-16 五彩福寿图棒槌瓶

中 图4-17 倦勤斋景泰蓝地铜鎏金字联

右下 图4-18 金双喜团寿字碗

右上 图4-19 水浒字画 60厘米X42厘米 清代 版印

伍 字符、几何造型

经过以上分析我们会发现，中国传统图形中，人物、动物、植物、虚构的神灵瑞兽等形象占了绝大部分，这跟古代人们日常生产生活中的经历密不可分，也表达了人们对于美好生活的追求，但除此以外，人们还有很多表达情感、寄托的图形，它们不属于以上任何一种范畴，其中，有的是神灵手中的法器、有的是汉字的演变、有的甚至是纯粹抽象的图形，但每一种都有各自独特的寓意：（1）八卦太极图。因道家在中国本土的盛行，讲究阴阳相合的八卦图形也成为古人驱凶避灾的吉祥图形。（2）“万”字符。源于佛教，本是宗教中佛法宏大之象征，被人们认为是太阳、火的吉祥图形。（3）喜字图形。所谓双喜临门，经常被用于婚庆结婚，贴于窗格门楣间，用作装饰。（4）寿字图形。（5）福字图案。常与五只蝙蝠形象组合出现，寓意五福临门，（6）十二纹章。十二纹章顾名思义就是“日、月、星、辰、山、龙、华虫、宗彝、藻、火、粉米”这十二种传统图形组合在一起，在中国古代，只有皇帝才能在隆重的场合穿十二纹章图形纹样的衣服。（7）八吉祥。依次是“法螺、法轮、宝伞、华盖、莲花、宝瓶、金鱼、盘长”，这八件法器上都会饰以丝带，在加强装饰感的同时，更增添了一丝仙气和神秘色彩，象征着带来吉祥、好运。

几何类图形是由单体几何图形进行二方连续或者四方连续而成，它们大致可以分为两个大类：一类是单体几何图形首尾相连，能够无限循环画下去；另外一类是单体几何图形之间按照散点式排列，可以是二方连续或者四方连续，这种类型一般都用于器皿的边饰或者底纹。这两种类型均外形抽象，但寓意丰富，

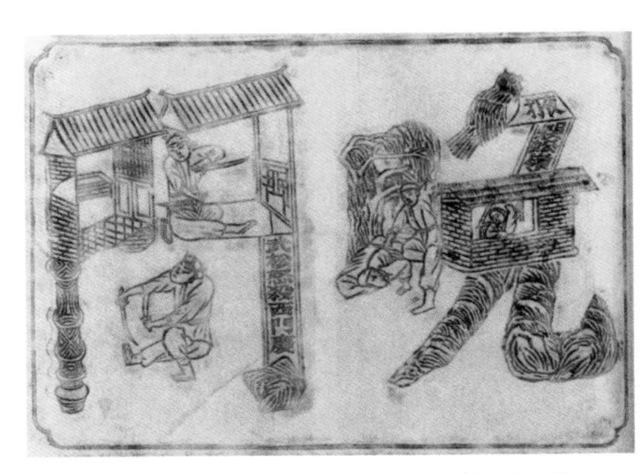

象征明确。例如由雷纹演变而来的回纹，是经典的几何类图形，常常饰以陶器或者青铜器上，象征着绵延不绝的财富。几何类图形有着古老的渊源，早在原始社会就有雷纹、波浪纹、云纹等。几何类图形在战国时期得到了进一步的发展，纹饰变得更加繁复、种类多样，并且将直线和曲线相结合，使图形更富韵律，造型新颖活泼。秦汉时期，几何图形古朴深沉，矩形，菱形，环形，弧形等互相组合，方中带圆。受希腊艺术影响，敦煌壁画中出现的几何透视等绘画方式。宋代则发展出六出龟文等几何图形。明代织锦“青地加金四合如意方棋妆花缎”，这种倾向在清代达到高峰，出现八达晕纹等富贵华美，色彩艳丽，结构繁复的形式。

中国传统图形素材包罗万象，几何类图形也可以按照形状进行一定的划分。（1）云纹。云纹是传统图形中经常出现的元素，主要用作填充图案的空白部分，也可以与其他元素构成图形。以祥云为例，祥云纹是吉祥如意的代表。（2）火纹。火纹通常出现在与宗教相关的祭祀器具上，用来点缀或填充各种祥禽瑞兽，表现出崇高威严的形象。（3）水纹。水纹是一种很好的装饰纹样，其流动性和变化性赋予图案一种灵动的色彩，通常出现在吉祥物的图案当中。几何类图形常被用于各种器物的辅助装饰图案。

下 图4-20 冰裂纹花窗

上左 图4-21 枚父辛簋

上右 图4-22 戜鼎

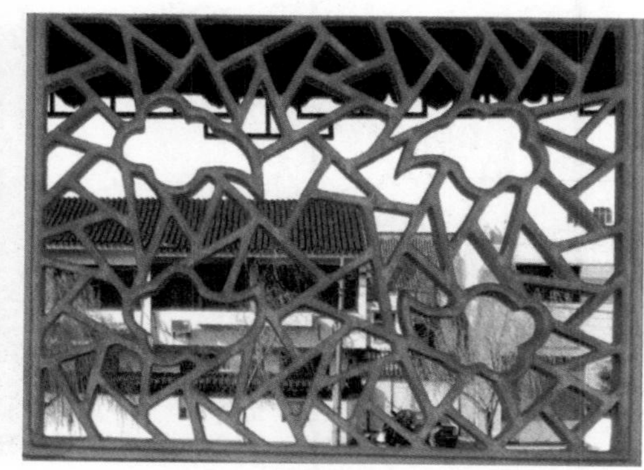

形式分类

Format Classification

意匠图形在表现上寻求的是一种形式与寓意完美结合的状态。在造型上遵循了形式美的原则，图形的整齐、对称、重复都是在美学原则的指导下组合形成的。图形的对称与重复性使画面达到一种平衡，画面在充分传达人们赋予它的特殊寓意的前提下，又不缺少视觉美感。画面活泼灵动又不失变化，从而表现出不同的视觉审美，这使得这类图形不仅有着形式美感，也包含装饰美感。

壹　剪纸

剪纸，是中国民间艺术中的瑰宝，艺术造型质朴、生动有趣，有着独特的艺术魅力。剪纸的载体可以不仅仅是纸，除了传统的纸张，还可以是金银箔或皮革织物，也有树皮、树叶等自然材料。剪纸艺术是中国民间流传的一门民俗艺术形式，与农村的节庆活动有着紧密的联系，剪纸多为表现反映现实生活与节日民俗主题。如耕种，采桑，织布，养鸡，喂猪等。或是扭秧歌，耍华盖，走亲戚等主题。剪纸从古代诞生至今仍在中国民间流行，每到春节或有婚嫁喜事，人们把用红纸剪成的各式吉祥图案张贴在玻璃窗上，来表达喜气洋洋的氛围，也有对生活的美好祝愿。剪纸是一门特殊的图形艺术，它除了通过二维的形式来表达传统图形的美，还可以通过纸张和剪裁的技法达到一种特殊的质感和层次感，又有立体的元素融入其中，因此是一种形式非常丰富的艺术载体。剪纸艺术是普通劳动者表现生活生存现状的一种方式，除此之外，剪纸更重要的功能是承托了人们对美好生活的向往和期待。

剪纸除了技法复杂多变，内容主题也是丰富多彩，常见的主题有十二生肖、神话故事等，会相对应的搭配一些装饰性的植物纹样，多有吉祥寓意。另外对于具有吉祥寓意的人物、鸟兽、文字、器用、介鳞、花木、果菜、昆虫、山水等多有表现。剪纸的题材寓意可分为：纳吉祝福、祛邪、除恶、劝勉、警戒、趣味等。剪纸的用途可大致分为张贴类、摆衬类、刺绣底样类、印染类等。剪纸在民俗应用中颇为广泛。传播和影响最为广泛的要数窗花剪纸和绣花的纸样，窗花剪纸是最常见也是最普通的剪纸形式，是剪纸品类、数量以及对传统艺术贡献最大的领域，而其他类型的剪纸都是在这个的基础上衍生和发展出来的，剪纸文化是少有的没有地域差异的民间艺术，中国南北民间均随处可见这种艺术形式，可见其影响力之广，也反映了人民对剪纸艺术的热爱；绣花纸样本身不是一种艺术形式，它的最终成品是绣花，但是在织物上绣花之前会用剪刀在纸上剪出样稿，以防止绣花的过程出现差错，也就是刺绣施针的依据。依据所刺花纹图案的内容不同，民间艺人做出了相应各种不同的绣花纸样，比如有用于服装刺绣的花样、鞋袜花样、日用纺织品绣花样、刺绣小品如扇子套、眼镜盒、钱包、香囊等各种配饰。

剪纸图形也被广泛运用在现代设计之中。中国传统工艺源于生活，有着淳朴的艺术样式，反映着民族文化的精髓，有着坚强的生命力，其独特的民族特色，传达着劳动人民生活中的喜怒哀乐和祈求平安的美好夙愿。剪纸有着深厚的历史，经过漫长时光的打磨与洗礼，逐渐变得越来越成熟，也更加丰富多彩。由于剪纸是传统图形的重要载体，本身便有很高的视觉文化价值，也是中国最具代表性的民间艺术形式之一。剪纸发展到今天依然有很高的热度，现代设计常常在传统剪纸艺术中寻找灵感，无论是表达形式还是思想内涵都带给现代设计师很多启迪。现代设计师需要考虑的问题便是如何将赋予传统的剪纸形式新的生命和力量，发挥民族设计的力量，展现独特的华夏文化魅力，也因其具有浓郁的民族色彩，同时使得消费者有亲切感。在吸收借鉴的基础上，创造出新的形式，把传统图形符号运用新材料、新技术、新理念等全新的方式来表达，与时代观念结合，才能被消费者接受，才是顺势而为之道。

上 图4–23 团花·多子石榴

中 图4–24 团花·三鱼争头

下 图4–25 纸菩萨·西游记人物

贰　皮影

皮影戏，旧称“影子戏”或“灯影戏”，它是通过光影的变化来表达的一种艺术形式，民间艺术家先用各种材料制作出表演所需的演员——“傀儡”，在灯光和音乐的配合下进行演出。中国皮影戏发源地为陕西，自春秋、两汉、隋、唐以其地最盛。宋以后盛于河南，自以后随帝都而转移。皮影戏的表演形式为我国民间工艺美术与戏曲巧妙结合而成的独特艺术品种。表演时艺人们置于幕后。两手操纵戏曲人物，边用当地流行的曲调唱述故事，配以打击乐器与弦乐充满着浓厚的世俗情趣，因而在河南、山西、陕西、甘肃等地深受人们的欢迎。

皮影作为古老的艺术形式既给缺乏古代娱乐形式的人们带来乐趣与精彩，又是中国传统艺术领域中一笔宝贵的资源的财富。皮影戏反映了当时社会的状况，包括当时的民风民俗、人民生活水平、审美情趣、政治、经济的文化的发展情况等。不同地域的皮影戏也各有特点，它们往往取材于民间故事或神话传说，也有一部分来自古典小说。作为最早时期的“动画影视”艺术，皮影戏反映了人民的生活百态和社会的喜怒哀乐。然而，如此珍贵而又精彩的传统艺术在现代消费文明的冲击下面临着巨大的危机，随着现代科技的发展，各种新的传播媒介和娱乐形式使人们逐渐遗忘了古老的皮影戏艺术。表演皮影戏的人越来越少，有兴趣观看皮影戏的人更是寥寥无几。皮影戏在现代的发展，除了需要观众重视传统艺术外，其自身也需要发展一些更适应现代人接受方式的表达方法。皮影艺术融合了表演、绘画、音乐、雕刻、文学等艺术表现形式，在我国民俗艺术中闪耀着独特的光芒，

图4-26　皮影丑角头茬 牛皮
陕西省晋南地区

这给皮影与现代动画的结合提供了契机。皮影艺术有着非常高的文化艺术价值，有着悠久的发展历史的深厚的文化底蕴，以及独特的造型特点，其中尤以它最独特的造型语言值得现代设计关注，设计师可以深入剖析和研究皮影戏的造型语言，并与现代动画结合，挖掘两者之间嫁接的可能性，将使动画更好地彰显民族文化特色和精神。

上 图4-27 皮影《铡美案》「陈世美被擒」驴皮传世 黑龙江省海伦市

中 图4-28 皮影四人抬轿 牛皮传世 甘肃省庆阳市

下 图4-29 晚清铁质灯笼

叁 灯彩

中国灯彩艺术从灯具的发展演变而来。灯彩是对民间俗语中花灯、彩灯的学术性称谓。灯彩是光明、喜庆、吉祥的象征，给人以欢乐，给生活以情趣。灯彩的形、色、质、彩，通过2000年发展，记录中华民族用火历史文明的轨迹。“正月里来正月正，正月十五闹花灯。”每年农历正月十五元宵节，人们都张灯结彩营造喜庆的氛围。另外，灯彩还在婚寿吉庆，传统节日时悬挂，用来烘托喜庆气氛。据传闻，汉代宫廷、民间“元宵不禁夜”，张灯结彩示万民同乐。

经历代艺人对灯彩的创作发展，灯彩艺术丰富的种类和高超的工艺成为吸引人的重要原因。灯彩按照种类分为：纱灯、宫灯、吊灯等；按照造型分为：山水、人物、花鸟、走兽、龙凤、鱼虫、飞禽；此外还有专供赏玩的走马灯。中国灯彩综合剪纸、绘画艺术、纸扎、缝纫等传统工艺，用不同地区、不同种类的竹、绫绢、木等材料制作成。灯彩不只是节日的装点和审美的对象，更体现了在发展中与中华古典文化艺术的结合，具有丰富的内涵。它在继承传统、寓意的表现形式上，将诗、文、书、画融会贯通，比如猜灯谜就是花灯文化中广受欢迎的一项活动。

灯彩艺术是中华民族传统艺术中的奇葩，已拥有两千多年的历史，文化浸润和历史厚积使得灯彩超越传统灯具的一般实用价值，成为中国民俗活动中赋有高度文化价值的活动。设计精巧、典雅古朴的灯彩不仅能增强节日气氛，还表现了人们祈盼吉祥的良好心愿，体现了中华民族的传统美德。

灯彩的象征意义主要为：一、吉祥兴旺，“盛世办灯会”，灯会是社会繁荣昌盛的象征。由火到烛，再到彩灯，人们赋予着花灯美好的祝愿。二、富贵繁荣，象征富贵的灯彩，最早出现在宫廷中，以雍容华贵的美感闻名，宫灯源于佛教，后引入皇宫。因此，灯彩也象征着富贵繁华。三、繁衍生息，吉祥寓意若为浅层含义，那么生命象征则是形而上学层面的深层内涵。灯彩借助种种约定俗成的文化符号，成为繁衍的符号。如麒麟送子灯，观音送子灯，柿子灯等。四、世间万物，随着灯彩工艺技术的发展，世间万物皆可被制成形象生动的灯彩，同时也产生了形式更为丰富的灯彩戏。灯彩戏也称花灯戏。是灯彩与戏曲二者的有机结合。

如今，灯彩艺术的发展在继承了中华民族传统文化艺术精髓的同时，更要与时代相融合，满足人们日益增长的物质文化需求。传统灯彩，颜色对比强烈，鲜艳醒目。常用红、黄、金等喜庆鲜艳的色彩。灯彩是抽象雕塑构成、平面书画装饰，和光动机制的融合，具有浓郁的民族特色。从传统灯彩中提炼的造型、装饰、色彩同现代制作工艺结合，体现中国的雅兴美。从单一到综合的艺术形式，从具象到符号化的视觉效果，成为当今灯彩艺术发展的新要求和新趋势。

左　图4-30　走马灯

右　图4-31 图4-32　清中期铜鎏金錾花卉嵌玉花鸟宫灯

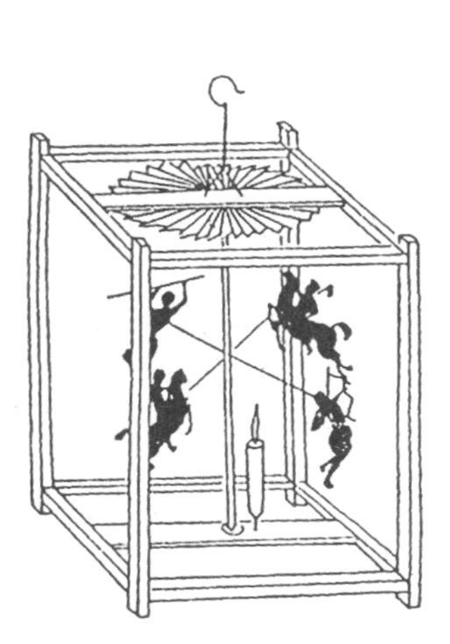

左

图4-33 图4-34

咒符·龙车凤辇、催仑妙经、五龙八卦

右

图4-35 图4-36 门神

秦叔宝、尉迟恭（正像）

肆 年画

年画是中国画的一种，始于古代的“门神画”，是中国特有的绘画载体，也是深受农村老百姓喜爱的艺术形式。年画之所以在我国传统社会中的民俗功能发挥得如此充分，这与它的商品属性相关，又与它具有的艺术属性与精神产品特质相关。清光绪年间，正式称为年画。多用于新年装饰，意为祝福新年，吉祥喜庆。传统民间年画多用木版水印工艺。旧年画因画幅大小和加工不同而称谓不同。整张大的叫“宫尖”，一纸三开为“三才”。加工细致叫“画宫尖”、“画三才”。颜色金粉描画的叫“金三才”“金宫尖”。六月以前的作品为“青版”，七、八月以后叫“秋版”。

年画根深叶茂、长久不衰的重要原因是其艺术风格与文化内涵表达了民众的审美取向和文化祈求。年画表达吉祥喜庆之意，因此，用色多大红大黄，注重造型的情趣表现。年画艺术民俗生活基础上，真实反映了各个历史时期的审美意趣与生活动态。中国民间年画几乎是中国民俗文化的缩影，具有丰富的艺术价值，也承载大量的自然人文精神。

年画作为民间文化与时代精神的双重载体，是民间民俗文化的深刻表现。民间传统文化既是民族历史实录，也是民族乃至全人类同自己的历史对话的方式。中国年画艺术与招贴密不可分。年画是中国古代最早的装饰性艺术海报，在旧时代农业经济社会信息匮乏的时代，对信息起到宣传学习作用。如今，科技高速发展，民间年画的生存与发展逐渐被强势的现代艺术所影响。传统年画想在今天有所作为，必须从自身传统中汲取养分。我们在进行现代设计时，可将民间年画运用现代设计语言进行创新运用。年画独特的造型手法和色彩表现手法在今天仍受到大众青睐，将年画传统的深厚内涵和完美形式与现代设计理念相结合，具形神兼备、古为今用的视觉韵味。

伍 刺绣

刺绣，俗称为绣花，在民间运用广泛，大多为自绣自用，装饰图案特别，多以花鸟、鱼虫为主，人物、走兽、禽鸟、风景也有表现，最为典型的是虎帽造型，也有以神话或一定的故事传说为主的装饰内容。中国刺绣源远流长，四千多年前，刺绣工艺便开始创始和形成。《尚书》中记载，虞舜所穿衣服包括五彩，花纹六种，分别为“日，月，星辰，山，龙，华虫”下身衣服为“宗舜，粉米，火，藻，黼。”目前，能看到最早的刺绣实物为荆楚战国楚墓出土的“龙凤虎纹绣罗”。魏晋时期，受佛教文化影响，绣品图案出现刺绣佛像与供养人等，唐朝时由于经济高度发展，

上左 图4-37 乾隆 蓝色地福寿三多龟背纹锦

上右 图4-38 红缎绣五彩太平有象图

下左 图4-39 刺绣芙蓉瑞鸟图轴

下右 图4-40 红缎绣八团夔凤花卉纹便服袍料

上
图4-41　地戏武将面具
木雕 高28厘米 宽20厘米 现代
贵州省安顺地区

下
图4-42　地戏《薛丁山征西》鱼嘴道人面具
木雕　高30.5厘米　宽23.3厘米　现代
贵州省安顺地区

染织工艺与刺绣工艺的发展，书画屏风，花鸟小品刺绣也发展起来。创新阵法的出现，丰富了中国传统刺绣工艺的表现方式。宋朝刺绣受宋朝书画作品的影响，形成欣赏性和实用性的装饰刺绣。而元朝刺绣多用于服饰，承袭宋朝刺绣发展。明代刺绣普及，各绣区形成不同的刺绣风格。四大名绣在历史上逐渐各成体系。清朝乾隆时期，刺绣工艺发展鼎盛，而清后期则步入衰落期。刺绣常应用于荷包、鞋帽、香包、衣饰、烟袋、枕套、靠垫等中。在佛堂寺庙的菩萨龙帐、神佛绣像、宝盖光幡与戏装等也多运用。刺绣针法主要有手针、稀针、拉绣、侧针，现今人又在古人基础上，创新滚针、扇形针、游针、扇形针、网绣、铺绒等。

四大名绣也各有特色。分别为苏、粤、湘、蜀绣。苏绣山水能有远近之分，楼阁体态表现深邃，人物刻画神情丰富，花鸟清爽。苏绣以仿画绣以及写真绣体现出的艺术效果闻名于世。人们评价苏绣“平，齐，密，细，匀，和，顺以及光。”粤绣用线多样，用色艳丽，多用金线作为轮廓线，花纹稠密丰富。粤绣绣工大多为男性，绣品种类丰富。蜀绣也称作川绣。技法独到，绣作画幅不但存在大幅，也有很小的袖珍品。湘绣重点为纯丝，硬缎，透明纱与诸多色泽的丝线以及绒线来绣制。通过 1958 年长沙楚墓中出土的绣品来看，春秋时期，湘绣便已发展起来。民间刺绣的内容取材于民间故事《吉庆有鱼》、《蝶恋花》、《鸳鸯戏水》、《丹凤朝阳》、《双狮驮柱》等象征五谷丰登、吉祥如意的图案，表达了人们对美好生活的向往。刺绣是中华非物质文化遗产的一部分，作为中国传统文化艺术代表之一的刺绣发展前景是毋庸置疑的，与此同时也在现代社会中面临着蜕变和再生的考验。刺绣正以原来的手巾、丝绢、唐装、旗袍等渗透到外衣、内衣、裤子、裙子等成衣服装领域中。我国的传统刺绣是今天服饰设计发展的丰厚土壤，在现代服饰品的创新设计运用中，刺绣不仅能弥补现代服饰设计中的不足，而且也符合视觉欣赏特点向个性化发展的审美需求，运用不同形式的刺绣工艺使服饰美的形式更丰富，并能体现出独特的品位和鲜明的个性，是美与实用的统一。

刺绣作为传统的民族化元素，正在快速地渗透到世界各个时装角落，我们要从传统刺绣工艺中汲取养分，同时利用高新技术对刺绣艺术进行创新发展。弘扬传统手工艺的精华，使之与时代脉搏相结合，满足人们的审美心理需求和服饰的附加值，开辟新的设计风格，以刺绣的造型、工艺美和文化内涵美来修饰和丰富人体的美。

陆　面具

民间面具与原始乐舞、巫术、图腾崇拜以及民间歌舞、戏曲等相互融合、相互依存，多反映华夏各民族的观念信仰、风俗习惯、生活理想与审美情趣。中国地区面具种类繁多，可分为“傩面”、“幻面”、“藏面”、“百戏面”、“萨满面具”

左　图4-43　地戏《英烈传》胡尔玛面具
木雕　高31.5厘米　宽23.2厘米　现代
贵州省安顺地区

中　图4-44　地戏《大反山东》杨林面具
木雕　高31.5厘米　宽23.5厘米　传世
贵州省安顺地区

右　图4-45　地戏《岳雷扫北》宗良面具
木雕　高32厘米　宽24.5厘米　传世
贵州省安顺地区

等五种，按用途可分为祭祀面具、乐舞面具、镇宅面具三大类，主要分布于四川、贵州、云南、重庆、江西、广西、陕西、西藏等地。远古时，面具被用于对神灵的膜拜活动中，当时，面具在祭祀活动中被认为可驱疫诛邪，沟通阴阳。为增强神秘感，拉开人与神之间的距离，保留人对于神的形象想象。因此产生了面具。商周时，面具以青铜材质为主，在宫廷巫术中使用的头盔上出现人面兽面纹。同时由于当时社会生产力不足，人类无力对抗自然界的灾害和猛兽，对于自然界中的神秘力量产生依赖，人们想借外力对抗灾祸，因此以面具为装饰和神秘力量的来源。

面具作为面型图形艺术设计中的艺术形式，能在较短时间内引起观者的视觉与心理吸引力。因此，在现代，面具在影视作品中主导作品的审美，以夸张的手法和深刻的寓意，传达出面具艺术独特的视觉魅力。此外，面具艺术也在平面设计里通过单型变化、分解重构、渐变构成、重组构成等手法，使得作品的冲击力更强，视觉风格更具个性化。

面具文化多带有宗教特质，结合了儒、释、道三家，其中儒与道教关系突出，在大量的祭祀活动中，借用了道家符，诀，咒，以达到驱鬼降魔的目的。三星堆出土的青铜面具具有很高的艺术科学历史价值。面具貌似人面，眼耳口鼻巨嘴獠牙，头角，形象神秘怪诞。面具象征着本能的征服欲望与对于神明的崇拜，因此具有鲜明的文化寓意。

面具艺术因神秘的文化内涵和丰富的使用功能而流传久远，人们在面具的传统纹样基础上，进行归纳提炼创新，探索面具艺术中的抽象美，从而与现代艺术设计相结合，创新发展出新的风格语言。面具通过独特的设计语言，记载了历史精神与人文情感。对面具的造型特点、纹样提炼、寓意解读的研究探索，有助于我们发掘传统艺术文化的形式意义，形成具中国民族特色的设计语言。

载体分类

Carrier Classification

建筑装饰中，彩绘和镂雕是最能代表中华传统建筑特色的；青铜纹饰被赋予了一种神秘的气氛，被奉为图腾；漆器的器型精美多样，纹样气韵生动，色彩丰富，技法精湛，线条灵动，是时代的精神符号；染与织在一起使用可以弥补织品上图案不够丰富的缺点；金银器在装饰布局上灵活多变，随形赋饰；玉器背后蕴含丰富内涵，往往与其所选用的装饰题材分不开。

图4-46　铺首纹样　清

壹　建筑

在建筑装饰中，彩绘和镂雕是最能代表中华传统建筑特色的，其中建筑彩绘尤其具有装饰艺术价值。建筑彩绘既有保护建筑木制部件防止其腐蚀的功能，又起到装饰的作用。最早记载的建筑彩绘可以追溯到春秋时期，最初的彩绘还只是采用一些简单纹样，常见于皇家宫殿建筑的柱子、斗栱和梁架等处。经过秦代以后历朝历代的发展，建筑彩绘逐渐趋于复杂，采用的装饰纹样越来越广泛，绘制用颜料和工艺也更多样化。不同朝代的建筑装饰，各有不同侧重。如春秋时的兽面纹、动物纹；秦汉时神仙云气纹，与秦始皇的过度信奉神灵不无关系。秦代建筑彩绘已经发展得较为成熟。魏晋南北朝时期，由于受到佛教思想的影响，建筑彩绘上开始出现一些宗教的图案。隋唐时期是建筑彩绘发展的一个鼎盛时期，出现了一些全新的绘制技术，其中要数唐代的五彩间金装为首，在图案上题材涉猎也更加广泛，如骑射歌舞，莲文卷草等。宋代时期由于民间禁止私设金炉溶金，建筑彩绘的颜色多以青绿为主，红黄为辅。这是宋代彩绘的一大特色，题材上多选用神怪传说与人物故事。我国古代建筑在明清时期达到繁荣，建筑装饰的题材越趋于广泛。宫廷的表现题材以博古、祥瑞、戏文为主。民间则普遍以吉庆花草、人物故事与祥禽瑞兽为主。处理手法上可分为旋子彩绘、和玺彩画和苏式彩画。中国传统建筑装饰是传统建筑艺术的重要组成部分，建筑风格能调适不同文化层人的需求，因而也是最通俗的民族艺术文化。

左　图4-47　春晖堂大门牌楼门脸立面

右　图4-48　新叶村祠堂　寺庙檐下撑供

贰 青铜器

上 图4-49 博山炉 南朝至初唐

器呈豆形，盖为镂孔的山峦，山势特别突兀。盖顶有插榫以备插入凤形钮。炉身外壁有凸起的莲瓣八枚，承柱呈八棱形，底有承盘，盖与炉身有纽可以相联结。

中 图4-50 作父乙鼎

下 图4-51 菱花鸟纹镜

青铜器是我们的祖先对人类物质文明的巨大贡献，是用铜锡合金制作的器物。我国出土最早的青铜器可追溯到马家窑文化。青铜器主要分类有炊器、食器、酒器、水器、乐器、车马饰、铜镜、带钩、兵器、工具和度量衡器等。主要流行在新石器时代晚期至秦汉时代，商周器物最为精美。夏朝是我国青铜器发展最快的时期，主要为礼器、青铜容器和兵器。商代早期青铜器造型独特，以酒器和食器为代表，一般为三足加两耳，且其中一足必与一耳成垂直线，因此在视觉上造成一种失衡感。这时青铜器上的纹饰内容比较单一，装饰稍显呆板且有的纹饰只刻画了一层。到了商朝中期，青铜器开始出现了铭文和精细的花纹。造型变成较为均衡的三足与两耳对称型。纹饰相较于早期已有明显的提高，细节更加丰富，整体外观更加庄严富丽。青铜器较鼎盛时期为商晚期至西周早期，出现了一些新的器型，其中方形器较为流行。在造型上较早期更为浑厚凝重。纹饰方面，无论是工艺还是艺术造诣都达到顶峰。布局一般为主体纹加地纹，主体纹为较写实的兽面纹或夸张的神怪纹，地纹与主体纹区分明显，为雷纹或云纹等。商晚期青铜器还有一个特点就是铭文逐渐加长，出现了一些记事类的铭文。商代以后青铜纹饰随着朝代和需求的变化逐渐简化。青铜器上的装饰常见的有夔龙纹、饕餮纹、龙纹、凤鸟纹、连珠纹、涡纹、云雷纹、四瓣目纹、弦纹等或人形与兽面结合的纹饰形成神灵的图纹。纹饰较丰富的青铜器往往为社会权贵所使用，多被用于祭祀活动。因此青铜纹饰被赋予了一种神秘的气氛，被奉为图腾。人们认为此种纹饰能被鬼神认同，也能驱神辟邪。同时青铜纹饰也有震撼人心的精神力量，承载统治阶级政治与宗教的部分功能。青铜纹饰从早期的单一发展到后来的门目繁多，反映了人类从原始的愚昧状态向文明的发展的一种过渡。我国青铜器的使用规模、铸造工艺、造型艺术及品种，在世界上首屈一指。其中青铜器纹样以其独特的艺术造诣，加之纹样背后融入的各个朝代的礼仪习俗等文化内涵，成为我国传统装饰艺术领域中不可多得的辉煌篇章。

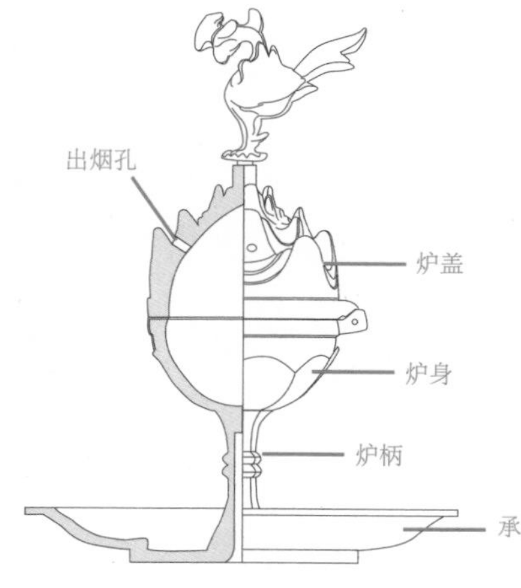

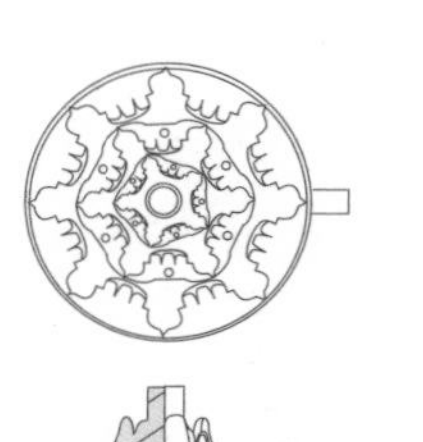

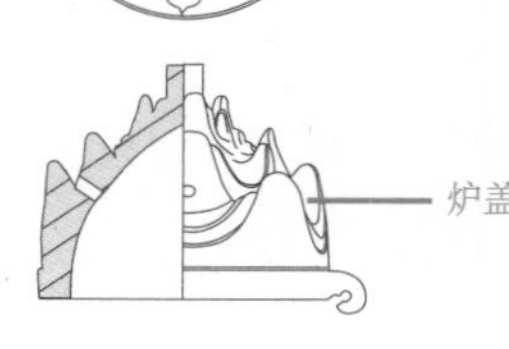

叁 漆器

上 图4-52 清代识文描金寿字瓜果纹八角盒

中上 图4-53 剔彩龙凤集福葵瓣式盘 清乾隆

中下 图4-54 剔红梅英宝盒 清乾隆

下 图4-55 剔红团香宝盒 清乾隆

中国古代漆器工艺出现于新石器时代。原始人采用生漆在器物上描绘一些简单的纹饰，虽然技法稚拙，构图也没什么讲究，却开创了中华民族渊远流长的漆器造物历史的先河。古代漆器在化学及工艺美术方面有重要贡献，是我国博大精深的传统文化又一重要代表。夏商周时期是我国传统艺术的萌芽时期，夏代漆器工艺较简单，漆的颜色也较单一，主要是浅雕和漆绘两种。商代的漆器出现了雕花装饰，有的雕花涂色加松石镶嵌，所用颜色主要是朱漆和黑漆两种。安阳侯家庄商代王陵出土的漆绘雕花木器中，发掘了蚌壳、玉石、蚌泡等，上装饰常有饕餮纹，夔纹或人形与兽镶嵌。商代的漆工艺已达到相当高的水平。战国的漆器工艺是人类从原始的愚昧状态向文明过渡的重大反映，在胎骨做法、造型及装饰技法上均有所创新。信阳长台关楚墓出土的龙蛇、彩绘神怪及狩猎乐舞的小瑟，江陵楚墓出土的由蛇蚌鸟兽盘结而成的彩绘透雕小座屏，随州曾侯乙墓出土的鸳鸯盒都是这一时期的代表作。

西汉漆工艺在继承战国风格的基础上，有新的发展。漆器产地分布更广，生产规模更大。新兴的技法有针划填金，堆漆等，器顶以玛瑙或琉璃珠作钮，镶金属花叶。金银扣及箍镶于器口器身，其间用金或银箔嵌贴镂刻的人物、神怪、鸟兽，以彩绘山石与云气衬托。唐代漆器有用贝壳裁成物象，于其上施线雕；有用稠漆堆塑成型凸起花纹的堆漆；有用金、银花片镶嵌而成的金银平脱器；于漆面镶嵌成纹的螺钿器。唐代工艺技术出现新发展，如镂刻錾凿，精妙绝伦。而宋代漆器一改前朝奢华作风，逐渐走入平民百姓家。装饰风格与唐代的富丽丰满相反，比较淡雅清新，体现出一种理性之美。雕漆是元代漆器中成就最高的，特点是堆漆肥厚。就是用藏锋的刀法，刻出圆润的花纹，质感上有一种特殊的魅力。明、清漆器在绘涂工艺及造型工艺上取得较大成就，两者相辅相成，使得这一时期的漆器种类繁多，精细绝妙。主要有罩漆、描金、描漆、填漆、堆漆、雕填、一色漆器、螺钿、剔犀、犀皮、剔红、款彩、百宝嵌，炝金等。漆器工艺复杂，典雅华贵，流金溢彩。其造型优美，图案精巧，色调绚丽多彩，尤其以古朴典雅的风格受到人们的青睐。雕漆产品以历代名著、名画、美丽传说、神话故事、吉祥物等为题材。

漆器的器型精美多样，纹样气韵生动，色彩丰富，技法精湛，线条灵动，是时代的精神符号。在承载古人时代精神面貌的同时，更多体现了当时社会的审美理念。在器物上承载美好愿望是人类在实践过程中逐渐形成的观念信仰。漆器装饰常见的寓意吉祥的植物纹有松柏、桃子、荔枝、石榴、佛手、竹子、梅花、莲花、月季、水仙、百合、灵芝、葫芦、兰草等。装饰形式表现有对称均衡、繁复有序、节奏韵律、对比统一等。造型装饰美观大方，具有符号和审美的双重功能。

肆　染织

中国古代纺织与印染技术的历史非常悠久。古人为适应气候变化就懂得利用自然资源作为纺织和印染的原料并制造简单的纺织工具。是社会等级制度强化和人类审美提高的产物。传统的染织技术可分为绘、绣、织、印（染）四种工艺。绘与绣较为简便，指用画笔颜料或用不同色彩的线直接在纺织品上画和绣，这两种方法比较容易使图案依附于衣物之上。而织是不同色彩和粗细的线通过纵横交错来编制出图案。这种方法工艺较为复杂，但织出来的图案不容易褪去。染是指染缬，包括蜡染、夹染和扎染等，这种方式造出来的图形较为精细，与织图一起使用可以弥补织品上图案不够丰富的缺点。用于承印染织图形的丝织品种有绢、纱、绮、绫、罗、锦、缎、缂丝、妆花、织金等。

图4-56　深蓝地盘绦朵花纹织金锦

中国古代染织技术随着朝代的推移有较大的变化。西周时期古代帝王服饰上的十二章，一直被历朝帝王沿用，章即典章、花纹之意。作缋、絺绣是绘制和刺绣。先秦左右的装饰题材大多是天赋神授的创作思想，装饰上多采用回纹、雷纹、矩纹等简单几何图形，具有宗教图腾的内涵。春秋战国时期在织锦和刺绣技术上有了较大突破，服饰上的图案更加丰富。唐代是中国古代染织技术的鼎盛时期，这一时期的染织图形风格较为自由、丰富且艳丽。这点可以从唐代遗留的画作中一窥究竟。唐代服饰图案灵感来源广泛，大多采用寓意吉祥的自然题材如花、草、虫、鱼等，还有传统的龙、凤图案。设计自由、丰满、富丽、纤巧，构图疏密匀称、活泼自由。有平排连续的联珠团窠纹、虚实相生、正侧相叠的宝相花纹，呈放射对称的瑞锦纹，还有唐草纹、花草纹、龙纹、凤纹等，形神兼备、绮丽多变、对比和谐、极富韵律感。体现了唐代人们追求丰满富丽的审美特点。元代染织图案风格粗犷豪放、错彩镂金，这与元代统治者的游牧民族身份不无关系。元代装饰推崇西亚风格，创造了独具特色的织金锦产品。织金锦纹样排布讲究，疏落有致，层次丰富，奢侈豪华。染织技术发展到清朝，已经到了百花齐放的局面。苏州的宋锦、江宁的库锦、云南的滇缎、广州的粤纱、松江的棉布以及苏绣、粤绣、蜀绣、湘绣等不胜枚举。清朝染织品受满人意识形态以及欧洲新古典风格影响，虽然技术精湛，但格调不高，带有非常浓郁的世俗气息。

伍　金银器

金银具有奢华的属性，是用来节日装点、提升生活品质以及象征个人地位的自然物。自古以来，金银都是作为一种贵重而奢华的装饰材料被工艺师应用。我国最早的金银制品出现在商代，然而金银器皿出现较晚，直到唐代才有较大规模的发展。金银器根据用途可分为金银器物与饰物两类，细分还可分为饮食、容器、信符玺印、

上

图4-57 鎏金飞鸿球路纹银笼子 唐
高17.8厘米，直径16.1厘米
唐代盛行饮茶，「吃茶」之法十分考究。法门寺地宫出土的僖宗供奉的烘焙、研磨、过筛、烹煮、饮用、贮藏等金银茶具，是首次发现的成组茶具，为研究唐代宫廷茶道提供了实物依据。唐人多将茶制成茶饼并穿连成串，这件银笼子即是储备茶饼的用具。

下

图4-58 鎏金卧龟莲花朵带五足银香炉
沿面錾饰背分式忍冬纹，高隆的盖面底缘饰莲瓣纹一周，面上有五朵莲花，每朵莲花上卧有一龟。龟首反顾，口衔瑞草，莲花以枝蔓相连饶。

梳妆用具、盥洗器、宗教祭祀器、陈设观赏品、发饰、冠服、颈饰、首饰、耳饰、胸坠饰、剑饰、臂饰、货币、车马饰、杂器等十余小类。唐朝国力鼎盛，中外使节往来将西方金银器传入中国，与唐代崇尚富丽华美的文化相结合，发展出了唐朝金银器精巧玲珑、富丽堂皇的风格。唐朝金银器装饰题材来源广泛，既有传统造物遗留的丰富纹样，又独具一种异域色彩。

宋代金银器比起唐朝更加小巧，体态更轻盈秀美。在装饰题材选取上也有所创新，如更具生活气息的瓜果花卉、人物亭阁等纹样。宋朝还发展出了喜爱在金银器上錾刻诗词的风气，为原本奢华的金银器增添一些风雅色彩。辽代金银器受统治阶层影响有了一些新的发展，在装饰上多了一些属于契丹本民族的风格，如一些仿生形态的纹饰。清代金银器空前发展，特别是皇家器物，采用金银与其他奢华材料的结合，从而使金银器种类更为繁复。纵观金银器的发展历程，在装饰手法上最为常见的是以龙凤象征神圣，以牡丹象征高贵，喜上眉梢象征喜庆，宝相花象征荣华富贵，石榴鱼子象征人丁兴旺，鸿雁衔胜象征平安，自然写实的味道较重。此外还有取谐音寓意吉祥的物件，常见图形有蝙蝠、如意、磬、鱼、花瓶、松竹梅、如意等。金银器在装饰布局上灵活多变，随形赋饰。装饰形式法则遵循对称呼应、变化统一、节奏韵律、比例权衡等。图形装饰工艺有錾刻、敲花、压花、烧铸、切削、抛光、镶嵌、铆结等。由于金银属于较为贵重的材料，故金银器的制作上往往集结了历朝历代能工巧匠之工艺，制作精良，造型讲究，结构科学，装饰巧妙，金银器是我国传统造物领域辉煌成就的杰出代表。

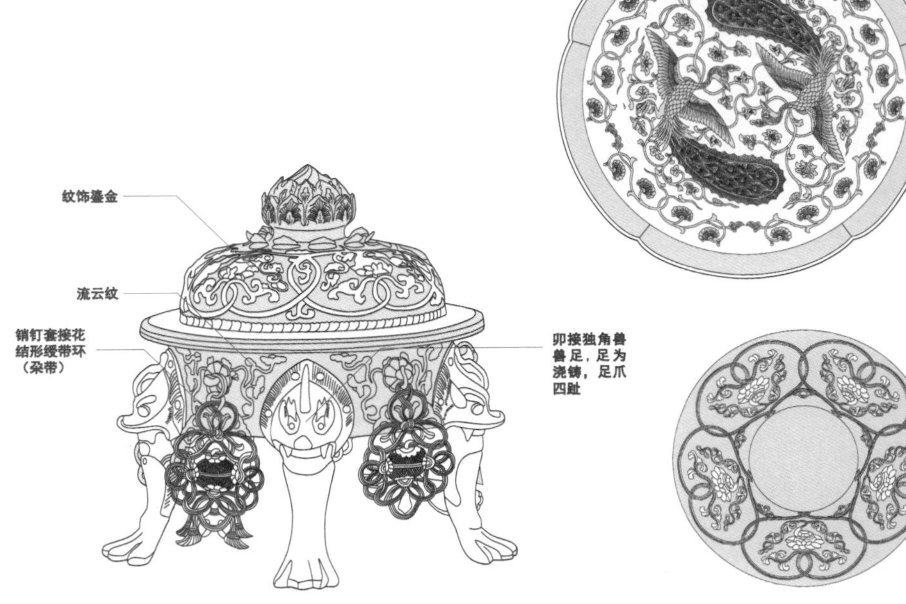

陆　瓷器

陶瓷即陶器和瓷器的总称。新石器时代的陶器是人类文明产生的重要标志。原始彩陶纹样具有极强的艺术性，常见的图形纹饰有水波纹、菱形纹、葫芦网纹、旋转纹、圈纹、锯齿纹、网纹，人面纹、鱼纹、蛙纹、花瓣纹等。线条流畅，组织规律对称、均衡、变化、疏密有致，遵循一定的程式和规则。然而相较于瓷器在装饰艺术领域的巨大贡献，陶器装饰纹样则更多与青铜器等较早时期的器物装饰风格分不开。中国瓷器发展的辉煌篇章应该从唐代伊始。早期瓷器以青瓷为主，隋唐时期出现了白瓷，白瓷的出现为瓷器装饰的发展奠定了基础。由于白瓷胎质纯净，为新的瓷器表面处理工艺提供可能，同时也为瓷器表面彩绘提供更大的空间。如唐代出现的刻花、划花、印花、贴花、剔花、透雕镂孔等瓷器花纹装饰技巧。中国瓷器发展最为辉煌的时期要属宋代，宋代瓷器在唐代基础上发展出了以定、汝、官、哥、均五大窑系为代表的多种窑系。瓷器制作工艺空前发展，陶瓷表面装饰艺术也发展至一个顶峰。最具代表性的装饰图形有二龙戏珠图、龙凤呈祥图、龟鹤齐龄图、松鹤延年图、岁寒三友图、寿比

图4-59　景德镇窑影青釉人面纹博山香薰

盖作博山状，有三层镂孔，下两层各五孔，顶端一孔；盖底圆形，子口。炉体为六出花口，宽平沿，斜直腹，平底，花瓣形圈足。沿部刻两周弦纹，腹外壁贴塑四个浮雕人面，足部饰一周莲瓣纹。釉晶莹透明，圈足内有红褐色垫饼烧痕。

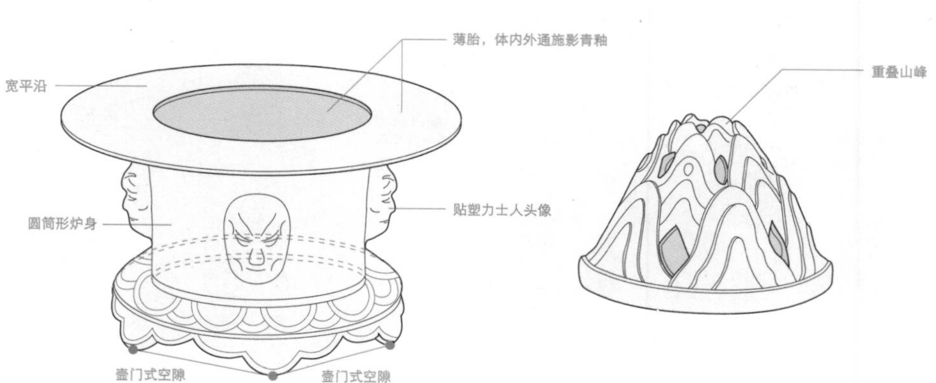

南山图、三星高照图、年年有余图、马上封侯图、花开富贵图、麒麟送子图、天女散花图、八宝联春图、八仙过海图等。这些图形大多传递了人们对美好事物的向往，或寓意吉祥如意，或富贵满堂。同时这些图形又有极高的艺术价值，无论是在构图布局，色彩运用，抑或是风格创新上都相当成熟。

右 图4-60 釉里红海水白龙纹梅瓶

左 图4-61 青花海水云龙纹瓶

柒 玉器

玉器指用玉石雕刻成的器物。中国人眼里的玉是与众不同的，其超越了单纯器物的范畴，是中华民族族群的精神寄托，因此中国也被称为“玉石之国”。一般认为上古时的人们在制作、使用石质工具时发现了玉。它有与众不同的色泽和光彩，晶莹剔透，人们在长期的生活实践中将其作为装饰品。随着生产力的发展，由于玉的数量不是很多且加工困难，因此就只有族群里只有少数头面人物如族长、祭祀师傅才有资格佩戴，这使它渐渐演变成礼器、祭器或图腾。玉器背后蕴含丰富内涵，往往与其所选用的装饰题材分不开。早在商代时期便有龙纹造型的玉器，而随后的各个朝代在玉器装饰上又各有发展。玉器上最常见的装饰纹样是龙纹、鸟纹以及各种瑞兽纹。以龙纹为例，商代玉器龙纹较为简单，龙身较短且尾部有刃，并常常配以重环纹、菱形纹、云雷纹等；而周朝时期的龙纹则龙身较长，且纹样更加复杂精细，出现对称纹样，装饰上较少留白；春秋时期的龙纹造型讲究，常以浮雕的形式表现，空白部分用大量细小纹样填充；战国龙纹造型更为弯曲，辅以谷纹、蒲纹、涡纹、绞丝纹等；汉代螭纹盛行，龙纹较少；唐代玉龙的特点是头大躯体丰满，腹部有蛇鳞纹；宋代玉龙一改以往朝代作风，身形瘦长，且不施细纹，素身较多；清代玉龙毛发刻画较多，且常采用正面构图，值得注意的是龙纹玉器一般为皇家所用，其余社会权贵常用瑞兽纹等其他纹样。

总的来说，玉器纹饰种类繁多，在历史的演化进程中，玉由原来仅仅是一种特别性质的石头转化成代表权利、地位、财富、神权的象征。古代文人墨客也会挑选做工选材上乘的玉器佩戴，寓意君子高洁的气质。

上右　图4-64　玉兽面纹出廓壁　汉　玉香居室藏

上左　图4-63　玉刻铭神鸟神兽纹神兽座摆件　西汉

下　图4-62　棕竹水浪莲花盒　清乾隆

审美程式

Aesthetic Modes

对称美、对比美、节奏美、连续美、重复美、平衡美、整齐美七个方面进行阐述。古人用图形这种最直观的方式去感受自身、自然、社会和宇宙，经过能工巧匠们的艺术加工，让我们体会到图形中所蕴含的审美程式和当时老百姓审美精神的思想渊源。

壹　对称美

中国传统图形一般以中心线为轴线，围绕中心，在周围做出各种装饰以达到对称美。对称有重复和不重复两种形式，重复即完全对称，从而达到一种绝对的均衡，给人完整、无缺陷之感，如中国传统吉祥图案中的“五谷丰登”以绝对的对称在画面中呈现了五谷、蜜蜂和灯笼纹、将抽象与具象相结合，描绘出一幅质朴美好的丰收的画面；还有一直沿用至今的双喜图案，表示双喜临门、大吉大利；而不重复则是将有联系的图形放入对称形式的构图中，因主题一致也可以达到视觉上的对称，类似于工整的对联，虽有一定差异但整体和谐，比如传统图形“福寿双全”将长生果作为对称的构图，左右分别填充以线条勾勒出中空的文字“福”和“寿”，还有中国民俗艺术中的门神文化，它在构图上完全对称，但是对称轴两边的人物细节，包括色彩、线条等却并非完全统一，显示了传统图形对称美中的求同存异，稳中求变。对称通过两者，如方与圆、粗与细等的对比产生一种稳定、庄严、整齐的感觉。

右　图4-65　福在眼前

左上　图4-66　有福有钱

左下　图4-67　福寿双全

上 图4-68 菊花

中 图4-69 宋代串枝牡丹纹

下 图4-70 北京故宫博物院清代石刻图案

贰 对比美

中国传统图形为取得醒目生动的效果，多利用大小、曲直、方圆、粗细、长短、静动、凹凸、柔刚等对比，以及形、色、组织排列、描法、数量、质地等方面的差异对比的方式。传统图形中的夔纹，造型近似于龙、形态如蛇、头上仅有一犄角、身体中部有一足、嘴部大张，尾部向上卷曲，身体呈弓形，整个图形用线粗犷有力，颜色黑白对比强烈，给人一种威严之感，后来逐渐发展成为几何图形，常常装饰在器皿的边沿，夔纹的外形的线条与内部的细节刻画也恰恰形成一种对比之美，使其更生动，跃然而处。还有“象驮宝瓶”中，象与瓶子的体量形成鲜明的对比，增加了图案中的趣味性，使其图案背后“太平有象”的寓意更好地传达出来。虚实相对是装饰纹样中常用的手法，通过画实的部分而衬托出空白的部分，有些类似于正负空间，这种虚实对比的方式在图案构成中被称为“双关”，也是中国传统图案中较常被使用的方法之一。通过颜色的对比也可以使图案更加鲜明生动，如青花瓷器在白底上用钴蓝颜料绘制出的纹样十分醒目，不仅使图案更加突出，还让瓷器本身散发出一种清澈、静谧之美，因此受到了世界各地人民的喜爱。

叁 节奏美

中国传统图形中所谓的节奏是反复与条理组织原则的具体体现，是视线在时间上所做的有秩序的运动。是由一个或一组纹样作单位，作反复、连续、有条理的排列而形成的。有等距的，也有渐变的，如渐渐曲渐直、渐大渐小、渐高渐低、渐明渐暗等。早期庙底沟彩陶的装饰纹样中就用点和线交织出了变化多端的图案，不同大小和数量的点，或实心或空心，与直线、曲线、弧线、虚线并列、平行或相交，组合而成的图形十分具有节奏感，在今天看来甚至透露着一种极简的科技感。还有云纹、水纹、卷草纹等自然景观中抽象出来的纹饰，与几何图形相比更纷繁复杂，大部分都是以点、线、面或以流畅的曲线或者漩涡组成的图形来表现宇宙间的动向，图形的大小、弧度、过渡自然，层次清晰，富有节奏美感，组合起来有强烈的装饰感又不会造成视觉负担，让人从图形之中感受到自然万物韵律之美。云纹图像以漩涡来刻画云朵的外形，欢快柔美，以曲线来表达云朵在天空中的动势，云朵自然成组，由远及近，节奏强烈，给人一种生动气息。所谓节奏美，就像音乐中的主歌和副歌一样，虽然在轻重缓急上有所差异，但是保持着统一的韵律感，时而安静，时而动感，绝不会让人产生混乱。

上　图4-71　建筑装饰上的花草拐子纹　清
下右　图4-72　三苗民徽铭
下中　图4-73　三苗民徽铭
马家窑文化马家窑阳乌模式图
下左　图4-74　山茶花单独适合纹样

肆　连续美

连续美是一种无限循环之美，大面积铺满后给人一种丰富和饱满的感觉。连续图形只需制作出单位纹样，然后按照一定排列规律依序排开，这种“省力”的装饰手法，是符合适用、节约、美观的原则。被汉族民间称为“富贵不断头”的回纹就是中国传统图案中体现连续美的典型代表。回纹反复不断、绵延不绝，有吉利永存的吉祥寓意，深受人们的喜爱。回纹追根溯源，源自青铜器上的雷纹，由于它是由直线折绕之后形成的方形或圆形花纹，形似汉字“回”而得此名。回纹常见的形态是二方连续，用以装饰在器皿的口沿处，或以四方连续的形式出现装饰整个器皿，体现出一种质朴而又饱满的连续美感。

伍　重复美

重复图形可以整齐有规则，也可以自由无规则，重复美能产生一种安静、平稳和庄重之感。以重复手法表现的图形，所传达的大部分都是装饰层面上的信息，由于重复之后的图形表达出来的一种平稳感，使其无论在什么场合或者器皿上使用都能达到一种烘托氛围的作用。传统吉祥图案之中的“瓜瓞绵绵”，“瓞”即小瓜，寓意为连绵不断的藤上结了无穷无尽的瓜，象征多子多福，子孙后代绵延不绝，画面中重复的瓜藤让人感到一种旺盛的生命力。

陆 平衡美

线条会切割画面，而空间的疏密关系则决定了画面是否具有平衡美，图形密集的地方显重，疏离的地方显轻；线条粗显重，线条细则显轻，只有掌握了构图和线条粗细变化，才能真正体会到平衡美。传统图案的“福从天降”，设计者用曲线笔触的粗细变化，画出云烟的轻盈飘逸和动势，围绕着云朵的四周，是四只在云间飞翔的蝙蝠，从蝙蝠的形态来看是对称的安排，而图案中心的云纹不是对称的安排，而是遵从自然中云朵的随风而舞，把吉祥的元素，转化为虚实相衬、动静平衡的图形。另如，传统吉祥图案中的“丹凤朝阳”，两只凤凰飞旋呈圆形，头尾相接，图形正中间是太阳，凤凰嘴里有如意，周围装饰着牡丹花的形象和云纹，共同组成太极状，结构与“二龙戏珠”也是一致的。而太极图是对自然界中宇宙万物秩序的高度概括，平衡之美在两只凤凰逐日的构图中完美地表现出来，充满动感又暗含隽永。

图4-75 福在眼前团
图4-76 福自天来团
图4-77 狮子团
图4-78 升降草凤团
图4-79 岁岁增寿团
图4-80 孔雀牡丹团

柒 整齐美

传统图案龟背纹，由六角形几何纹样按照一定规律排列组合而成，因其与龟壳纹路相像而得名，又称灵锁纹，是吉祥纹样的一种。龟背纹是用重复排列的方法将图形串联，使人们的视觉凝聚而稳定。整齐美不一定是完全一模一样，而是合乎一定的形式，在视觉上显得完整有秩序。

中国是四大文明古国之一，具有五千年的文明史。中国传统图形和纹样就是在深厚的历史和文化沉淀中，闪闪发亮的一颗珍珠。每个民族或地域的艺术与文化都应其地域性特点。智慧的祖先创造了许多向往美好生活，赋有吉祥寓意的图形和纹样。这些图形和纹样巧妙地运用自然界中的花草树木、飞禽走兽、日月星辰，吉祥瑞兽和人类自己在生活生产中创造出来的事物，并与文字等相结合，通过双关、借喻、象征、谐音等方式，创造出图形的吉祥寓意和当时的审美文化完美结合的形式。古人用图形这种最直观的方式去感受自身、自然、社会和宇宙，经过能工巧匠们的艺术加工，让我们体会到图形中所蕴含的审美程式和当时老百姓审美精神的思想渊源。总之，中国传统图形是古人智慧的结晶，是在他们经年累月的生活实践中，用智慧改造生活的创造。在每个不同特定的历史时期，中国的劳动人民通过吸收学习外来文明，对本民族图形进行再创新，从而鲜活地体现出当时的时代气息与风貌，为后世留下一份珍贵的、永恒的文化艺术遗产。

左 图4-82 图4-83 拐子龙纹

右 图4-81 龟背纹

卷五

设计承袭

Design Inheritance

图形设计

壹 图形释义

贰 图形设计的方法

叁 图形设计的类别

图形表达

壹 图形的特征

贰 图形符号的功能

传承与再设计

壹 传统图形在当代设计的创新思维

贰 传统图形在当代设计中的应用

图形设计

Graphic Design

在现代图形设计中，各种视觉元素，包括抽象元素都可以通过设计者的创意想象，运用各种手法构成全新的视觉形式。

壹　图形释义

“语言”是人与人之间交流沟通的工具，每种语言都有着各自所对应的准则——语法，根据语法的不同人类拥有了无数种语言，它在广义上讲可以看作是一种符号，而语言的目的则是为了传达、交流与保存信息。而我们所说的图形语言，是属于艺术范畴之内的一种视觉表现和传达的方法，是将设计者意识形态转化为客观实在的有效途径，通过与艺术化手法和现代科技的结合实现艺术的呈现和表达，图形语言通过其自身的特点使得艺术得以保留、升华，代代相传，生生不息。“图形语言”是打破了国家地域与文化限制的信息传达手段，它与文字信息一样，有效地传达了人类千万年以来地各种信息。由视觉表达形式特点我们不难发现，图形是一种关于空间问题的艺术领域的设计，有关于图形的一切要素都要以空间为基础，设计着在此之上才能挖掘其背后的功能性价值和美学价值。在二维平面图形设计中，空间往往容易被忽略，它实际在一定程度上含糊了空间与其他要素的真实关系，常常是被默认自动忽略的部分。空间这一概念本身就给设计者们留下了无限的潜在的创造力，体现了物与物之间的排列和并存关系。在图形设计领域这种并列关系应当理解为：画面主体应当是形态与形态、形态与自身框架结构、图与底、图与边框等多重关系的总和。因此图形画面上的每个构成要素的关系在其本质上都体现了空间关系。当设计师在画面上对其中形态的形状、位置、大小、方向、面积等因素进行设计创作时，一个图形的空间就形成了。这个空间除了需要设计师在平面层面上进行探索思考外，还要注意观察受众对这个图形空间的视觉感受效应，来进行下一步的创新，使它在设计者与受众之间起到良好的传递作用。

在平面图形设计里，图形符号是其表达的主要视觉构成要素。符号，是符号学的基本概念，在有关专家学者的研究中我们发现，任何一个符号都是包含了能指和所指两部分。在《普通语言学教程》中，索绪尔所提到的“能指”，指的是语言符号的“音响形象”，“所指”是它所代表的内涵与意义。索绪尔把它们比喻成一张纸，思想意识（概念）是纸的正面，声音为纸的另一面，两者处于永不分割的统一体之中。他的理论很快得到了广泛认可。而从简要的角度来看符号就是一种传递的关系。索绪尔提到的“能指”，可以理解为任意一种符号所对应的形式；“所指”就是符号的具体实在内容，也就是符号所指的含义、概念、意义层面。符号的能指和所指形式与内容的二维关系。在索绪尔发表了这一理论概念的同时期，美国哲学学者专家皮尔斯提出了符号的三元关系论。他认为，符号的“三元关系”是由符号的形体、符号的对象、对符号的解释三者来一起构成的。是“某种对某人来说在某一方面或以某种能力代表某一事物的东西”；符号的形体所用来代表的某种事物就是符号的对象；符号解释是符号使用者专门针对符号形体传达的关于符号对象的信息，即意义、内涵。这种三元关系理论是符号过程的本质。尽管由于不同的社会生活与时代背景使得索绪尔和皮尔斯提出了各自的理论体系，然而当我们讨论符号的时候这两者的理论是不可以割裂分开来看待的。索绪尔的“能指”在表达的实际内涵方面与皮尔斯所提出的“符号形体”是一样的，我们把它叫作“符形”，并把符形用来表达某事物的另一事物。索绪尔提出的“所指”，大体意思上是皮尔斯的“符号解释”或“解释项”，我们可以把它称之为“符释”。符号结构中的所指或符释，就是我们日常里所提到的“意义”或者是“信息”。所以从本质来看，索绪尔和皮尔斯对符号学所提出的理论并不存在完全冲突相悖的矛盾，他们对同一事物的不同表达方式让现代人意识到任意一符号都是二次元或者三次元关系。纵观我国的传统图形符号，先人们正是以某些物质性的艺术要素（能指）来表达艺术之美和情感向往（所指）。图形包含的艺术形式要素就是符号的形式，而艺术之美和情感向往就是符号的内容。传统图形符号的能指与所指的结合方式（意象和表征）是由社会客观实际所决定的。

图形符号是一种被简化或者提炼之后，用以传递信息的视觉符号。例如，在产品设计中，用户不可能直接与设计师产生联系，所以，他们与产品之间就要依靠图形符号来建立沟通关系。因此图形符号必须要具备直观性，能够通过各种材质、不同色彩以及空间关系来快速传达产品的语义。在平面设计中，图形符号就是其学科内的一个重要分支，它是一种具有象征意义的图形，包括公共标识、企业标志等。图形符号不等于记号，记号是一种标记，可以引起人的注意，有一定的提醒功能，它属于一种单一纯粹的识别关系，但其背后并没有一种特殊的意义，不能完成记号接收者内心指代关系的转化。但是，图形符号是必然承载了一定的信息，并有所象征意义，它能使信息接收者的思维发生一系列的连锁反应，完成符号到特定事物的一对一或者一对多的指向性联想。图形符号包括主体、符号、概念、客体这四个部分，是一种载体和一种表达方式，最大的特点就是能够象征某种意义并且易于被识别。

贰 图形设计的方法

在现代图形设计中，各种视觉元素，包括抽象元素都可以通过设计者的创意想象，运用各种手法构成全新的视觉形式。但是，图形设计的灵感与创意是来自于人脑的丰富想象力和无穷的创造力，并不会有一成不变、固定的模式，所以图形设计的表现形式方法也是多样的。在此归纳几种常见的方法，略述如下。

当我们对世间万物进行漫无边际自由地想象时往往会有意想不到的新发现。设计者们利用想象，将与图形主题相关的各种物象联系聚集起来，并把它们用视觉语言进行加工，充分发挥想象的无穷潜力，设计出全新的图形设计作品。在想象时，我们要努力用形象化的思维找出事物对象之间的近似关系和关联性，想象的范围囊括的越广阔、越多、越好，尽量从看起来不相干的事物之间找到他们两者之间相似性，将这两者结合起来进行想象发现。在图形设计的想象中，一种是根据已有的图形形象元素或文字叙述提示，再创造出全新的图形形象的过程，称为再造想象；另一种是根据一定的任务、目的，在头脑中重新创造出新的视觉形象的想象过程，称为创新想象。我们发现创新想象有着更为广泛和自由的创作活动空间和潜力。丰富的想象力可以推动设计者进一步接近理想化的设计构思，拓宽设计者的思维，是完成一件图形设计作品必不可少的条件。

1. 联想法

当我们思考或想起一个事物的同时又想起与其相关的另一事物，这就是人们说的联想。这种联想一旦发散开来，就是连绵不绝甚至可以无穷无尽的。在学术角度联想一般被归为两类:相似联想,即由一个事物联想到与之相似的另一事物;

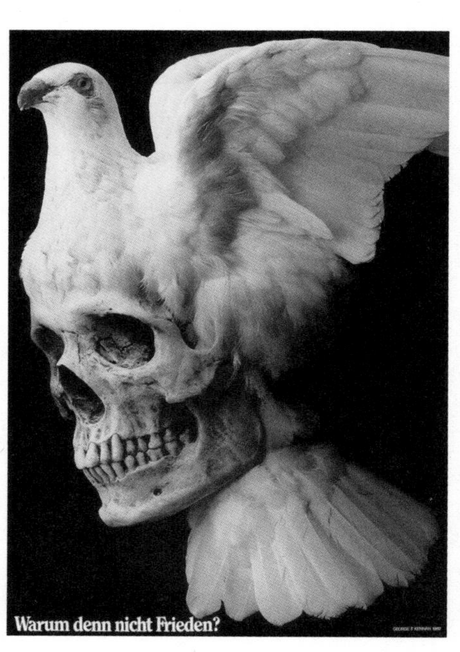

而因为某一事物顺带着想到的另一事物被称为连带联想，两者不一定有着相似性。专家学者认为相似联想更有助于发掘人的创造力，连带联想在帮助我们学习方面会起到更为明显的作用。来自英国的心理学家培因说：“富兰克林认出实验室内的电与雷是同一种东西，结果就可以应用蓄电瓶的道理去解释空中雷电现象了。在科学里、在艺术里的创作，大多数都需要创造者具有不管两件事多么远、多么伪装、多么会使人误认，仍然可以由相似的联想找到相似的创意这种能力。”可以说，相似性联想暗含着更多的创造力等待着人们去发现，人们的创造力深深地依赖于相似联想。相似联想好比是两个事物之间的桥梁，它将两者之间建立起某种连接的关系，人们在这种关系里找到两者的共性，进而产生创作的灵感和火花。通过这种联系我们可以发掘事物们之间表面的或更深层次的内在特征。在图形设计领域里，能够进行联想的领域十分广阔 。任何一视觉元素都可以通过设计者的联想加以变形、丰富。联想法在平面图形设计中有着至为重要的地位，设计者正是通过使用联想法使得图形表现内容和形式更加多彩多样富有创意，更可以拓宽思维。用具有创造力的形象思维把设计对象转换为富有美感的设计语言，获得更多创意不凡的图形形象。

依据图形设计的思维方法特点，我们把心理学角度上的相似联想法和连带联想法规划为：象征联想法、近似联

右页

上左 图5-4 海报招贴

上右 图5-5 各种不同方式的想象图形，在现代设计中的表达

下左 图5-6 优秀国外图形海报设计 巧妙地将MP3播放器与书籍结合在一起，让人有播放的联想。

下右 图5-7 联想图形在现代设计中的表达

左页

左 图5-1 优秀国外图形海报设计 策划性摄影 为一个政治集会所作的招贴。表现主题为：为什么和平还未实现？骷髅头和鸽子被结合在一起，表现了战争与和平的对立。

中 图5-2 优秀国外图形海报设计 生动地将榔头的另一头联想成铅笔，与标题文字的手写风格结合得十分巧妙。

右 图5-3 美国民间布鲁斯音乐节系列招贴。策划性摄影，吉他的外形，监狱的栅栏后面关着只黑色的鸽子，抗议针对美国黑人的种族歧视

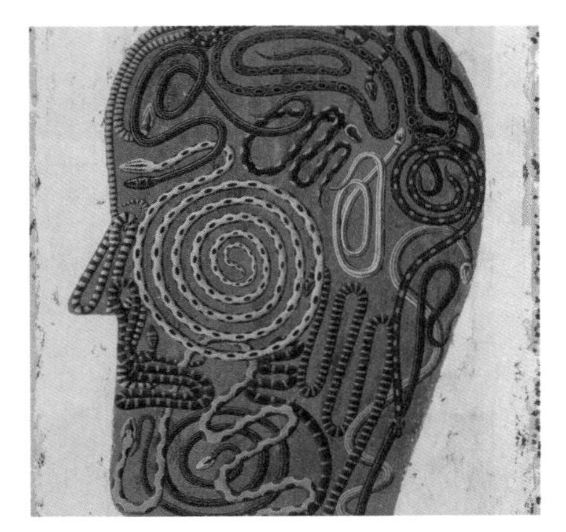

上左 图5-8 通过对动作形态的想象，与英文字母的巧妙结合。

上右 图5-9 将鱼头与人体的形态巧妙地同构，借此能够形象的诠释主题。

下左 图5-10 亦真亦假的虚画图形，将人物的造型绘制在沙发的表面，巧妙地利用了物品的结构。

下右 图5-11 对于自由与束缚的想象诠释。

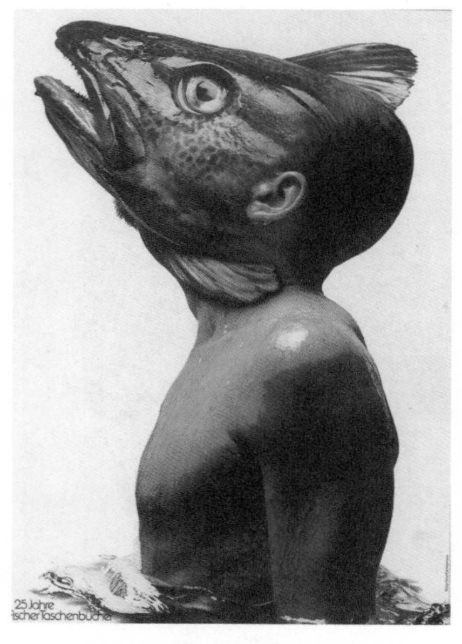

想法、类比联想法、因果联想法和对立联想法，这种划分更利于我们在图形设计领域应用联想来进行创作。

1.1 象征联想法

设计思维是不可见的，当没有一个客观实际载体来呈现的时候更是虚无的。而当我们一旦用带有某种意义内涵的形象来表达的时候，这种存在于脑海的思维就具体了起来。比如人们用“鸳鸯”这一物象来表现爱情。

1.2 近似联想法

在相似或相近的时空环境中，由某一事物自然而然地联想到了另一事物，可能还会进而产生新的设想，这就是近似联想法。比如我们在看到白云后会自然想到天空，进而想到小鸟。

1.3 类比联想法

类比联想就是看到一样事物想到另一样和它相似的东西，两样东西有相似或相通之处，比如看到大海想到鱼儿。

1.4 因果联想法

两个不同事物事件之间由于彼此的互相作用会产生因与果的关系，我们由这两者的其中一个想起另一个的时候，就叫作因果联想，比如由空气污染会想到汽车尾气的排放。

1.5 对立联想法

一些事物之间彼此的性质、特点、关系等方面是截然不同对立的关系，我们将这些事物之间彼此的联想叫作对立联想法，比如我们由沙漠联想到了森林。

2. 同构法

在图形设计创作的过程中，我们将不同的视觉元素找寻到一个可以共用的部分，并将它们根据一定的规则规律构成得到了一个新的图形，这种表现形式方法即为同构。我们通过观察不难发现，世界万物里某些事物由于其各自的客观实在特点总会找到彼此共同的特性，这就是大自然的奇妙之处。而在我们创作图形设计作品时，更要努力观察所选创作素材对象之间是否存在着可以进行同构的相同部分或构造，这种可能性的挖掘往往会给图形的结构和视觉表现带来令人耳目一新的效果。所以我们说同构法是我们进行图形设计创作中所必需的环节，我们将图形同构划分为重象同构法、变象同构法、残象同构法三个方法。

2.1 重象同构

在进行图形设计创作过程中，把若干不同的素材对象以一定的规律规则来互相重叠重合，进而创造出一个全新的图形作品，通过这种方法获得的新的图形作品会给人形式上的震撼力和耳目一新的感觉，这就是重象同构。使用这种方法可以让看似零散和毫无关联的事物元素之间建立一种关系。重象同构的基本造型规律特点是利用物象与物象之间彼此的借用、共用、重叠后来呈现一个全新的统一的形象，而且各个物象之间的关系也是从容有序、有律可循、节奏和谐的，只有这样的重象同构出来的新图形才是完美的。但需要注意的是重象同构图形不是凭空任意捏造产生的，它是在一定的限制范围之内借助人们的视觉习惯经验和审美规律，在设计思维上重新出发，依据设计的需要进行有目的的创作而产生。

2.2 变象同构

当我们需要把某一具体物象逐渐转化成另一目标对象时，利用物与物之间存在着千丝万缕的相近的联系实行一步步的变形、转换，最终形成需要的目标。在这个过程就是我们所说的变象同构。值得注意的是，在变象的过程中，设计师不能单纯地为了变象而变，要找寻有意义、有创新价值的变形形象。而图形设计中的这种变象正好类似于大自然万物“由虚到实”、“从无到有”的进化过程。所以我们不难发现，变象同构法的原理是建立在这种大自然的进化理论之上的一种图形设计方法。在变象同构里我们又可以发现有渐变、影变、质变和虚实渐变四种形式，比如虚实渐变，是让某一事物的虚象和实象互相变换，让事物的形象在虚与实之间转换，使得图像的形与底发生反转，形成一个共生图像。

2.3 残象同构

当我们对某一完整形态进行了结构上的打破后再对其进行观察，可以发现被打破的部分会形成新的画面视觉效果，这就从常规思维角度的反面出发进行思考，不难发现这样的逆向思维其实也暗含着创造力。这种“有意的破坏”是有规律、有规则的，是富有创造性的，获得的新形象被我们称之为“残象”。所以残象同构所产生的新图形，就是在已有的完整图形的基础之上进行有价值、有意义的打破，进而产生新的视觉效果。设计师们运用残象同构的方法打破原来固有的图形视觉效果，会有意想不到的新发现和新灵感。残象同构所形成的新图形在画面空间上会给人一种震撼力，这种震撼来源于设计师们大胆果断的突破。这种方法使得图形的设计语言更加的丰富，蕴含了设计师的想象力与逻辑思维。

叁　图形设计的类别

1. 图地关系图形

1.1 正负形共生图形

图地反转的双重意向空间关系是指图形的正负关系、相互转移、背景向前成为图形或图形退后成为背景，这种转换关系即是视觉艺术中的图地反转。共用是指形与形的共存与转化，形体间互相融入对方的形象，形成两形或多形共存的有机整体。有以下几种类型：

>> 轮廓线共用，所谓轮廓线共用是指不同的形象在一定条件下，其轮廓线有共性，它们可以整合起来成为一体。这种图形以简练的轮廓线勾画出多种现象，巧妙有趣地表现主题。

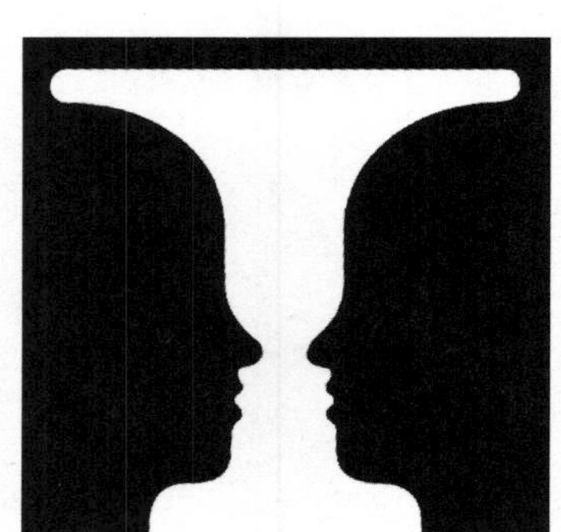

>> 正负形反转共用，以正像为“图”时它的“地”就是负，如果另外的形象与该负像有共同点，相互也能组合起来。正负反转的手法，给人以视觉上的动感，富有风趣地表现主题。

>> 形象局部共用，在这种图形中，往往有几个相类似的形象共用一个局部，通过这种组合方式，给人以幽默的反角，从而引起人们的兴趣和注意。

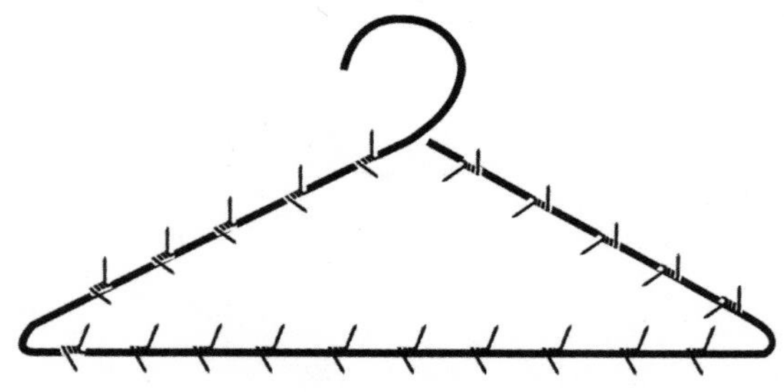

上左　图5-12　轮廓线公用的方式很好地诠释了和平主题

上右　图5-13　正负形共生图形设计

中　图5-14　埃舍尔的正负形翻转共用图形

下　图5-15　形象局部共用图形

>> 形象整体共用，这种图形，共用的不是局部，而是整体。整体共用的组合方式，给人以巧合的感觉，也能引起人们的兴趣和注意。

1.2 异形同构图形

在光的投射作用下，客观物体产生出与之相对应的影像。然而，由于投射载体的变化，有时会产生与原物体截然不同的影像，运用这样的手段就能创作出影画图形。无论是在绘画还是设计领域中，对光影的描绘与表达是艺术家们孜孜不倦的追求。在现代视觉设计领域中，设计师对影子的理解和运用已脱离了写实的表现与运用，而更注重赋予它不同的意义来丰富视觉语言，强调创意的多样性，使影画图形得到更为广泛的应用与发展。

2. 空间图形关系图形

第一次工业革命成果的推广，在 19 世纪后期促使欧洲的应用科学突飞猛进，一系列重要的科学发明直接影响了社会生活，迅速改变了人们的生活方式。同时一场意义深远的视觉革命由此产生了。

现代艺术的诞生，审美观念的变化又从另一侧面打开了空间意识的大门。与科学技术一样，19 世纪末 20 世纪初的欧洲艺术面临着深刻的危机，现代艺术家与图形设计师们不满足于前人对于自己生存空间的认识，在科学技术的影响和当代哲学思潮的启迪下，对未知世界不懈地探索，创造出前所未有的艺术形式，反映了现代生活的复杂性、多变性和创造性。在这种情况下，科学与艺术汇成的革命性力量，突破了观念领域的陈旧框架，时间、空间的意识获得了真正的解放。各种新的空间形式应运而生，它们表现出新的图形空间形式。

左 图5-16 头发与树枝的纠缠状态，形象整体共用的图形设计。

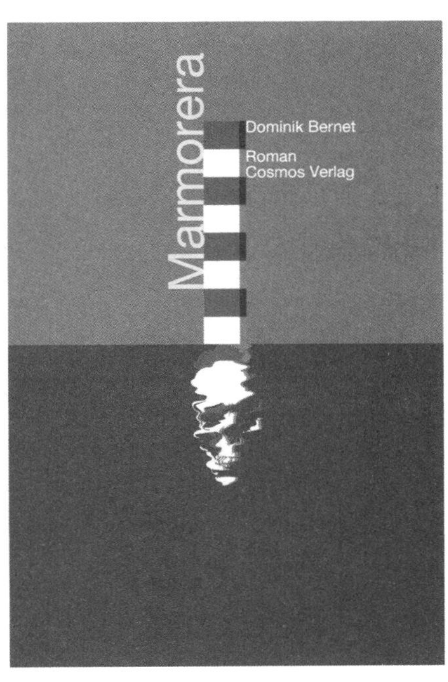

中 图5-17 异形同构图形设计。

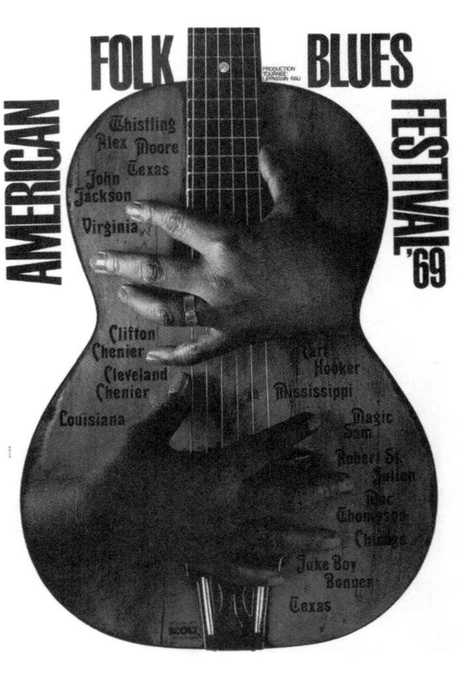

右 图5-18 美国民间布鲁斯音乐节系列招贴，被模特拥抱着的吉他。

左上 图5–19 矛盾空间的图形设计
左下 图5–20 埃舍尔的矛盾空间创作
右 图5–21 达利 永恒的记忆

2.1 多视点空间

传统的在二维平面上表现三维空间事物，是以视点位置的稳定为条件的。

2.2 矛盾空间的图形

超越现实空间的图形。"超现实主义"一词即表达一切梦幻魅力、反叛精神和不可思议的潜意识。超现实主义对图形设计的影响是多方面的，它创造的新方法表明怎样用视觉语言表达幻想、直觉和人的深层意识。在超现实主义的空间运用中，透视法不是被用于刻板地再现现实空间，而是被用于表现某种特殊心理的意向，因此透视法在这里成为招之即来、挥之即去的角色。超现实主义是在 20 世纪现代艺术活动中出现的，为了寻求超然式或超现实主义的因素，超现实主义也常常借助反向思维的方法，将互不关联的事物并列在一起。

2.3 蒙太奇组合空间

将不同时空、不同场景、不同形式、不同形态的人或物共组于一个画面之中，形成统一有序的新空间关系，以综合、整体的形式传达一种特定的信息，成为蒙太奇组合。只从一个角度观看物体，将很难得到事物本质的展示。蒙太奇手法在图形中要比电影制作中自由容易得多，且具有奇异巧合的视觉感受，蒙太奇组合空间在图形设计中的应用十分广泛。

任何视觉艺术都重视造型的视觉效果，这是毫无疑问的，尤其是现代图形设计更有条件充分地利用视觉。

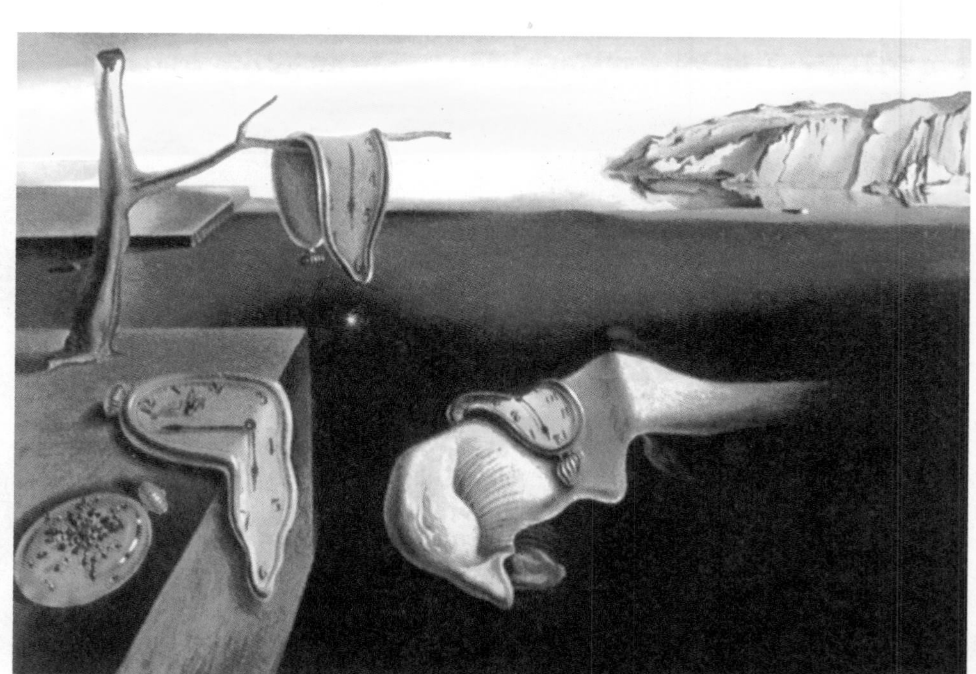

左下 图5-22
左上 图5-23 海报设计中运用到的混合维度的图形设计手法

右 图5-24
中 图5-25 各种不同图形设计运用了蒙太奇组合空间手法

从以上各类空间构成中，我们可以得到这样的启示：尽管各种空间形式所追求的具体目的和侧重点不尽相同，但它们有一种共同的趋向和特征，即它们都注意利用视知觉中视点的不确定性和相对性，从而产生出多变的视觉效果。同时，由于视点的转换和交替，对形体的错视和幻觉、视觉残象、歪曲的透视原理等，而产生出了超越平面与立体空间的、纯理性的、梦幻的、绮丽的空间图景。

3. 混合维度空间的图形

通常人们在描绘物象，追求在二维平面上反映一种三维立体物象时，常运用一种科学透视的法则来表达。在现代绘画和视觉设计中，有些画家和设计师抛弃了这种科学的透视法则，常常借用视觉上的二维空间原理，来创造并显现三维的视觉空间，形成混合维度图形的构形方法。其在具体的表述过程中，是二维空间的三维化，除写实的表现技法之外，还常有些意识的三维化的表现。在二维的平面上描绘出深度的三维空间，又以三维为基础创作出超现实的空间效果。相反，也可以把三维视觉上的物形二维化，人们最常见的三维物体的二维化是剪影。此外，在二维的空间上，利用立体凹凸及空间构成曲面形状描绘出的物体是三维的，而其本身却是二维的。在现代视觉设计领域中，混合维度图形的构形方法变得更加奇特、更加复杂了，它不但吸引读者的视觉注意力，还包含了许多发人深思的创意和许多哲学内涵。正常的空间被彻底解体，创造了一个不存在的视觉效果。二维平面与三维立体的结合、转变，使得物体之间构成了一个趣味无穷，而又具有视觉欺骗性的混合维度空间。

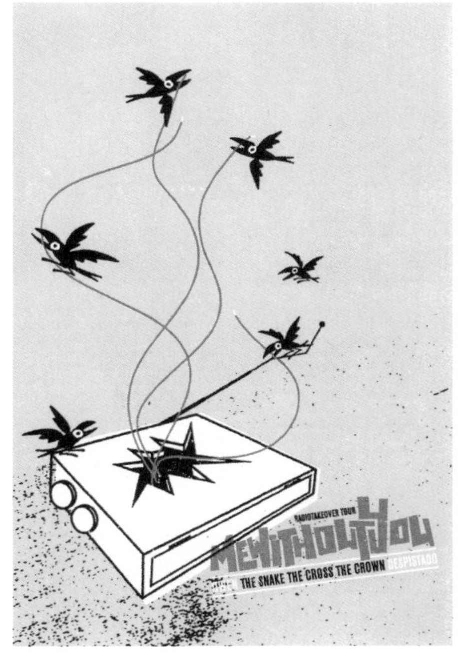

4. 非常态的图形

4.1 断置图形

展现是利用物形的中断和分离而获得的。把某种特定的物形中断、分离成不同的层次和分形，这些层次和分形又进而组成一个不同等级的排列，形成奇特的断置图形，既有原物特征，又组合成为新的形态。断置图形最基础的中断、分离，是把整个物形的部分形状确定下来，这些被中断、分离出来的分形又进一步分离，成为较小的物形形状。设计师的创意，就是使这些分离部分产生内在联系，以保持所要表现物形的完整性，达到形与形之间的相互协调。

4.2 弯曲图形

就是给一宗物形施以压力，迫使其产生弯曲变形。这里指的是物体具有可能弯曲的特性和在人们观念中不可能弯曲的物体。能够以机械力弯曲的物形运用在视觉传达设计中，观者会认为不足为奇，然而，在人们观念中不可能弯曲的物形通过二维平面的描绘后，不但令观者惊奇，还会因其逼真的描绘而产生迷惑。

4.3 打结图形

构形方法就是通过借助一个与原有物形相异（但又保留原物形特性）的物形来替代常规中所显现的物形，使之获得一种新的特殊的物形。同时，它也可以使几种意义同时存在于一个打结图形之中，以便利用有限的空间来

左 图5–26 法兰克福爵士音乐节招贴。乐器的部件被随心所欲地焊接在一起并着色，策划性摄影

右上 图5–27 海德堡音乐会海报设计

右下 图5–28 法兰克福爵士音乐节招贴，主题：大家的共同节目。许多音乐家在用一支圆号吹奏，乐器焊接，策划性摄影

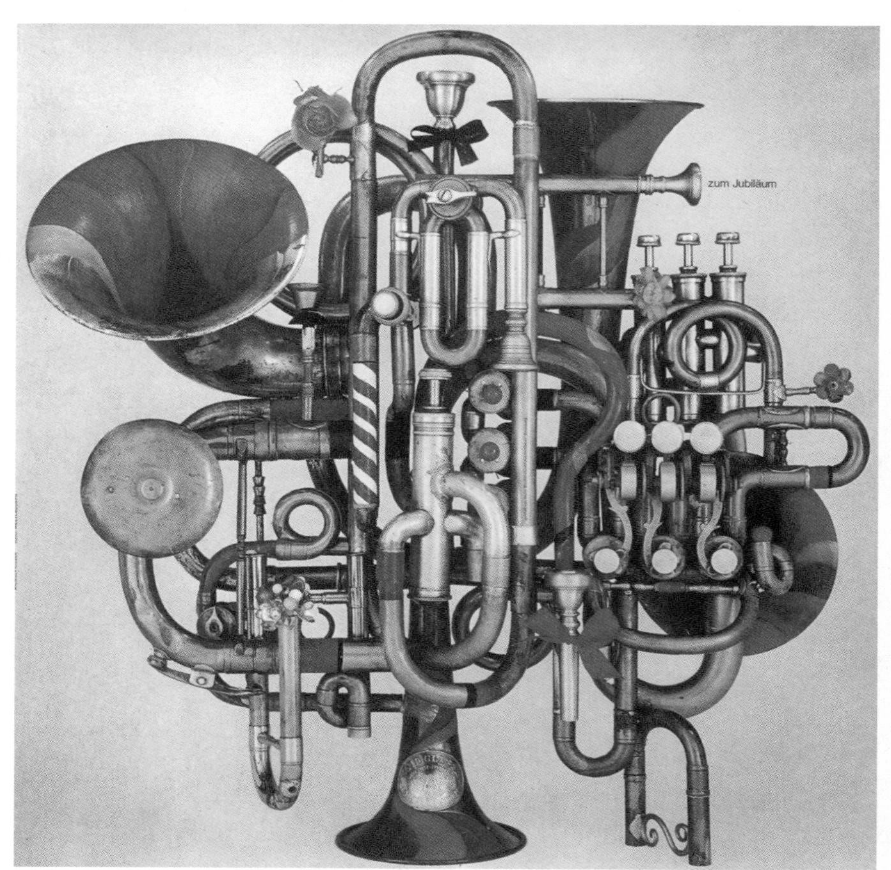

上 图5-29 「偷梁换柱」式的换置了气球的救生圈，活泼而又轻松的图形设计，十分吸引人的眼球

下左 图5-30 运用叠加图形的手法，简单、明了的丰富了图形的设计

下右 图5-31 运用置换同构手法，利用蛇与绳的形态相似特征诠释了主题

在视觉上传达多义和叠加的信息，获得独特、新颖的视觉效果。打结图形正是利用其在视觉传达中无法替代的特殊性得以存在。它主要是通过意义的转换来展现物形的特性，传达信息。打结图形正是利用其在视觉传达中无法替代的特殊性得以存在。它主要是通过意义的转换来展现物形的特性，传达信息。此外，打结图形在具体的表现上，可以使三维立体的物形通过二维平面的描绘产生，也可以纯粹在二维平面中表现具有二维平面特性的打结图形或在二维平面中表现具有三维立体特性的打结图形。换言之，打结图形构形方法可以超越材料、空间的限制，而这可以通过任何手段来表现。

4.4 叠加图形

将两个或多个图形，经过各种不同形式的叠加处理，产生多种不同效果的手法成为叠加。在叠加的图形中，将图形相互遮挡构成，可见部分与不可见部分交错而构成的新图形是遮叠；图形相叠构成，各自又保留自身的形象，使人对两形之间所产生的含义引发各种联想的是透叠；一个图形穿越另一个图形，呈现出超现实情景的是穿叠；以一个图形轮廓为衬底，叠加上与之相关或无关的图形成为重叠。

4.5 换置同构图形

换置图形是将看上去似乎毫不关联的物形选择出某一特定方面的关联性，找出物形之间在某一特定意义上的内在联系，通过物形与物形之间在形状上的相近性，按照一定的需要，进行某种特殊的组合和表现，从而产生一种具有新意的、奇特的图形。通常以生活中的各种物形作为构形要素表现的换置图形，其本身的内容会因异常的组合而突显和转化，在视觉传达设计中传达某种特定信息。这种超常、新颖的视觉构图方法，可以显现出更为深刻的寓意并使观者的内心产生强烈的视觉冲突。“偷梁换柱”式的换置图形构形方法虽然使物形之间结构关系不

上　图5–32　幽默荒诞的手法，利用名画的效应，使得主题鲜明。

中　图5–33　缪悖的手法在现代图形设计中的应用。

下　图5–34　肖形的手法在现代图形设计中的应用

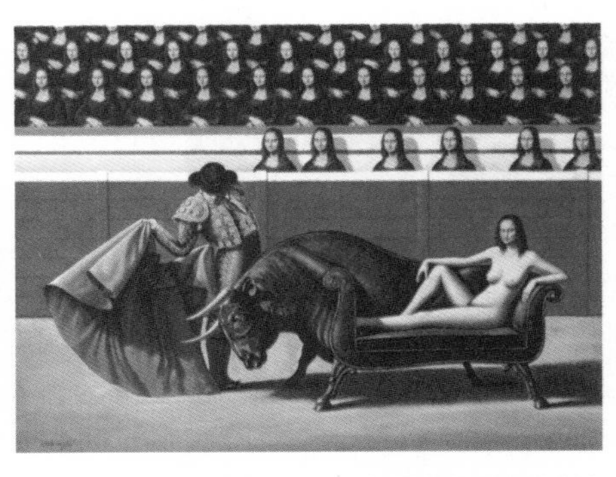

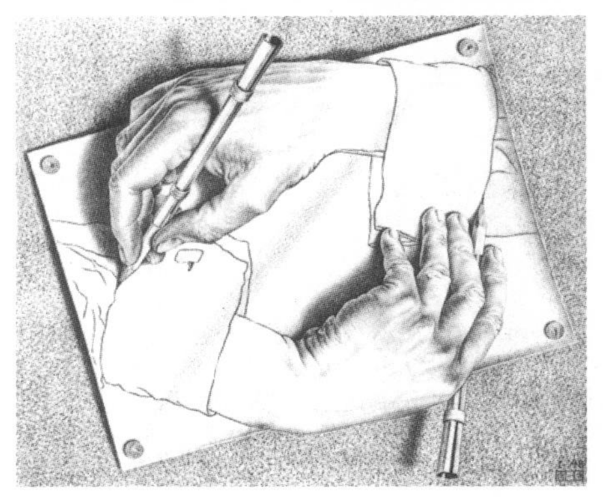

变，但经过异常组合后的换置图形在新的物形结构中，因异物组合方法导致在逻辑上的“张冠李戴”。换置图形的应用加强了人们对事物深层意义的理解，同时也增强了视觉传达的表现力，实现了按常规思维方法已不可能得到的异常转换。如今这一新的表现方法已成为一种新的设计风格，被许多设计师所应用。

5. 幽默荒诞的图形

5.1 相悖

利用相悖与常理的手法处理图形，可使其产生特别的视觉效果。利用透视的使用和特点，在二维平面的图像中从不同的视角观看，出现了不可能存在的三维空间图像，产生出一种视觉的两可性，称为视悖；为达到某种特殊有趣的效果，出现了有悖于常理的手法为理悖；将二维图像与三维图像进行那个相互转换，产生出真假相错的视觉感，是混维相悖手法的使用。此外，图形的表现方法还包括使图形能够产生多种歧义、形成荒谬感，或是使图形能够产生怪异感等多种手法，在此不一一详述。

5.2 缪悖

作为一种新的构形方法，最初并不是在视觉传达领域出现，而是在20世纪20年代崛起的超现实主义画派中开始应用的。在他们的作品中，客观世界的物形具有异常变形的性质，而且存在于杂乱和不合逻辑的结合之中。他们认为艺术创作似乎带有本能的荒谬性质，而且与常规的逻辑认识没有联系。缪悖图形构形方法的应用，目的在于打破真实与虚幻，主观与客观世界之间的物理障碍和心理障碍，在显现和重新认识物形中把隐藏于物形深处的含义，通过不着边际或看似荒唐的偶然结合表露出来。一般来讲，缪悖图形没有什么固定的表现方法，设计时可以随心所欲，凡是生活中的物形都可以予以荒谬、无理的表现。但是这种表现仅只显示出荒谬、无理还不够，设计时还要在视觉上与所传达的信息相融合，这样才能加深缪悖图形留给观者的印象，从而显示出更加深刻的含义。

6. 肖形的图形

生活中的各种物品都可以成为创作肖形图形的元素，小则图钉大到铁锹，即使我们外出旅游，也常会观察到一些肖形图形，如山的形状像某种动物，某些岩石显现出各种各样的物形等。这种肖形图形是大自然的杰作，虽然它们存在着，但如果不去发现，不去联想，恐怕自然界在我们眼中也就失去了许多魅力。也正是自然界本身存在的肖形的形状，启迪了许多画家、设计师，排除了固有的观念，将这种方法应用在实际创作之中。肖形图形构形一般有两种：一是二维平面的物形组成的肖形图形；二是三维立体的，也就是生活中现成的物品组成的肖形图形。然而不管怎样，自由发挥想象是创作肖形图形不可缺少的方法。

图形表达

Graphic Expressions

图形是用来表达思想的形象，这个形象是一种用来传递简单而纯粹的视觉语言的方法，它可以让人们对包含在图形中的信息一目了然。

壹 图形的特征

1. 直观性

当今时代，对图形设计的要求是设计简洁，但是视觉信息要表达清楚，易于被受众辨认。当然这仅仅是基本要求，如果仅仅是易于识别的图形内容，极容易被如今的信息海洋吞没而根本无法进入到人们的视野。真正成熟的视觉图形应该是富有生命力的，外在的形式要求不该成为图形设计的束缚与框架。设计师也可以在现有的基础上创建一个新的形式。但是新创建的形式应该与它原本所具有的内容相匹配，而不能沦为让人无法理解的哗众取宠之物。如：冈特·兰堡的以“门”为主题的系列设计，表面上看似乎是与现实无关的原始形式，完全创造出了一个新的图形，但由于他所采用的形式来源于现实之物——门，这一形象已经被赋予许多为人所熟知的内容，因此虽然用一种全新表达形式，却很容易让人联想到作者想要表达的内容。图形是用来表达思想的形象，这个形象是一种用来传递简单而纯粹的视觉语言的方法，它可以让人们对包含在图形中的信息一目了然。这种直观的图形似乎是世界最真实的再现，具有可视性，使人们相信图形里的信息传达了某种纯洁的语言。例如，通常印在商品包装上的一些非常逼真的图形，可以生动地展示出产品的质量，而这远远超过了有说服力的文字表达。易于识别的基础现代图形设计，是图形能够有效传达信息的先决条件。例如，人们看到的禁止符号，就会停止从事某项活动；用箭头作为指示标志，可以把即使有语言障碍的人也能轻易指向目的地。这是因为明确和强大的图形模式，非常易于识别，比任何文字更直接和直观。它是直观的画面图形，因此，人们并不需要经由眼睛到大脑

图5-35　星巴克形象LOGO演变历程

星巴克在的LOGO经历了几十年的历变，为了适应企业的需求，也为了满足不同时代的审美需求，形式上进行了多次的革新。

在2011年推出了全新的LOGO取代旧LOGO。新的商标在旧商标的基础上进行简化设计，把「咖啡」的单词从商标中去除，并扩展绿色图案，意味着星巴克不再满足于「专注咖啡」的品牌形象，将扩展到更多新的食物领域，比如瓶装饮料、冰淇淋等。

的分析再来进行判断。阅读文字与观看图形，这两者带给人的体验是截然不同的。

2. 时代性

图形的发展与时俱进，它的发展格局与它所表达的东西的发展密切相关，它所表达内容的发展也在促使图形本身不断变化。在任何特定时代，那些具有非常鲜明的时代性的图形，都是这个时代审美文化的体现。例如，工业行业标志的变化，就是对工业发展进程的反映。早期的工业标志用锤子形和齿轮状表示，这充分说明了发展初期的工业产业是注重动手型的，强调凭借个人实力来生产工业产品，锤子是那个时代最重要的生产工具。随后，瓦特发明了蒸汽机，促使工业革命的到来，蒸汽机可以将热能转化成动能，再通过齿轮传递使机器开始运作，并且使电气机械的使用和普及成为可能，因此齿轮当之无愧地成为蒸汽时代的工业行业的代表。现在，工业行业已经进入电气和电子时代，所以工业行业的标志也发生了一些新的变化。我们可以从这个例子看到的是产业自身的发展，在不同的时期有不同的特点，这也让图形在不断地发生变化。而人们总是喜欢用有代表性的、典型的图形来表示某一类东西。事实证明，只有采用具有代表性的图形来传达信息，才能更加具有说明性，也能使更多的观众接受。

图形的发展模式，是指图形本身的发展，而这种变化是在于图形自身的表达语言，表达方式的变化。图形在不同的时代会采取不同的特定语言。

3. 多义性

信息具有被约束和完全自由的区别，前者是用准确的语言来表达，而后者则要通过较为含糊的语言来进行表达，需要人们想象力的补充，凭感觉去感受，因而需要相对大量的信息。图形表达不同于文字表达具有精准无误的指向性，图形表意的复杂性，往往在图形表示的同时掺杂了多重含义，形成多义或歧义的现象。同一图形在不同背景的人的理解下有多种不同解读可能，因为从信息传播的角度来看，信息发送者和接收者是完全不同的个体，人的变化本身是一个复杂的现象，人也会产生很多许多并不明确的思维，这些思维很难用准确的语言与文字来描述。此外，不同人接收的教育、生活经验和生活气氛也不一样，因此通过图形方式发送的信息，它所传达的意义，接收的人可能不能全部接受，或产生误解。这既可以说是图形传达的不足之处，更是其独特吸引力所在。现代心理学已经证明含糊的信息能够使人产生复杂的心理活动，不同的人接受相同的信息，会根据个体差异，自行找到让自己的满意和认同的解读角度。相比之下，虽然文字符号能清楚又准确地传达信息，但是接受者是被动的接收信息，而图形能充分调动人体各部分机能进行相关性联想，让感觉、意识、听觉、触觉都能参与。

4. 互动性

语言符号可以准确地传递信息，但在某种意义上，难免给人一种的硬冷感。在信息传输中的图形，除了能够让人们接收到某种信息状态，还能体会到一种情趣性。例如，用色彩饱满的太阳的形象来表达好心情、热情或积极向上等，比使用文字符号来表达更加活泼。一个自然景观特写，无论用多么形象的文字来进行描述，恐怕都不能让读者感同身受，只有图形，才能准确地重现这个场景，包括其中所传递的情绪。此外，人们在间接接收某个事物需要有多个层次的感受，这种心理需要得到尊重。当我们在做设计的，往往涉及许多人的因素，因此我们在设计时要考虑到使用者的需求和情感体验，图形传达能够使人的获取乐趣的心理得到满足和尊重。相对而言，文字符号已经成为一种有固定规则的表达语言，我们需要绝对服从规则，以便于用它来进行沟通。图形表达更加多样化，它其中所蕴含的意义和表达的内容不是绝对的单向性指向，这也是图形表达具有情趣性的体现。

5. 文化性

生活在不同地理位置的人有着不同的生活体验，因此也孕育出不同的具有明确地区特色的文化，每个民族之间的文化都存在一定的共性和差异性，都有属于本民族的文化特色和文化财产。文化的形成是在民族的演变过程中逐步发生的，它不仅反映了国家和社会的状况，还包括一些民间传说和传统习俗等。这一点是全世界各个民族都相同的，民族文化不仅符合民族的心理特征，更代表着一个国家和社会的道德文明和精神意图。例如，柏树在中国代表长寿，但在西方的古罗马、古希腊时期代表死亡。某一具有象征性的民族文化的诞生，过程往往是曲折而复杂的。例如，出现在中国青铜时代的饕餮纹，它不是具体的某个事物的形象化身，而是羊、牛、虎、鹿等动物形象的综合体现，它强调一种神秘而深刻的原始动力。饕餮纹是人们想象力的产物，它代表着统治者至高无上的权利和地位，用神秘而狰狞的形象传递给奴隶一种威严的形象，以此来表达自己的阶级主导地位。这一图形反映了当时的语言所无法传达的原始宗教情怀，深刻体现了原始社会的“有虔秉钺，如火烈烈”。它反映了初始文明发展的必经之地——血与火的残酷时代，很有中华民族文化的特色。直到今天，我们仍然可以在一些现代图形中清楚地看到古老民间传统图形的一些影子。

6. 传播性

图形是大众传播的主流媒介之一，有着不可替代的功能。不同于文字传播，图形受地域、国家限制较小，可直观地传达信息、调动视觉，且能够引导受众的情绪，让一些信息的表达形式更加艺术化，表达效果也更为有效。一般来说，图形有特定的信息表达内容，图形设计需要根据表达信息内容来考虑，所以，它常使用的是一种可感知、简洁的视觉元素来传达设计理念。随着现代传播媒介和信息传达方式的发展，无论是静态的平面广告，还是动态视频，它们都有了新的发展空间。优秀的图形设计作品，不仅要在设计的内容和形式上进行把握，还需关注受众层次的差异。也就是说，图形的设计及传播应该更有美学价值。

图5–36 海报设计，运用了换置同构的图形设计方法。

贰　图形符号的功能

1. 象征功能

早在原始社会，图形就普遍被用来传递信息、表达感情、记录生活，随着人类社会不断的发展，人类就基本达成共识，一些常用的图形就被赋予了某种特定的含义，这就是象征。象征是图形符号最重要的功能之一，这一点在中国传统图形符号的象征功能中体现得尤为明显。传统图形的内涵和意境可以通过不同的外在造型、空间、组织关系、色彩变化等来传达，因此，现代设计师可以在充分理解传统图形象征意义的基础上，通过他们专业的简化或者补充，进而加入形象的联想和最合适的表达方式，创造出一个有别于传统图形，且更自由、无限的图形世界。但是，象征不是代表，不是一种简单的指代关系，而是要超越个人对事物的自我经验总结，演变成一种具有普适性的认知，上升为一种具有高度社会性的艺术。

中国传统图形中，大部分都含有象征意义，用来表达人们的情感、对神灵的敬畏、对美好生活的憧憬等。到了明、清后期，人们对于图形象征意义的追求更是达到了“图必有意，意必吉祥”的地步。例如，在中国仰韶文化中，原始人类把几何鱼纹和人面纹有机结合在一起，大量装饰于当时的彩陶上，他们不仅仅把抽象的鱼纹视作丰收、多产和生命力旺盛的象征，更是一种充满超自然力量的神秘符咒。由于远古时期，对于很多自然规律都无法认识，而且生活生产技术水平比较低下，人类对于个人以及种族生存很多时候是无法掌握在自己的手里，因此就衍生出很多对于神灵的敬畏和对某些事物的崇拜，他们把自己的思想寄托在这些具有象征性意义的事物上，以寻求精神安慰，期盼氏族子孙长久不息。传统图形的象征意义与历史更迭、人类生产生活有着根源性的联系，至今仍与我们的生活息息相关，且仍在不断的发展和完善中。

2. 情感功能

情感功能是通过传统的图形可以是直接表达的东西，具体是指某种情感状态或某些功能姿态。传统图形艺术作为人类文化的重要组成部分，也是人类情感的象征。长期以来，人们追求吉祥、幸福的生活，因此一些事物被人们赋予了特殊的含义，例如抽象的符号、图案、图形，这些东西都是平面的并且有着特殊的表达模式，经过不断的演变而流传下来。人们通过这些图案图形表达对事物的美好祝愿。传统的图形符号是经过长期的历史逐渐形成的，传统文化思想总是来自人们对具体世界的探索和认知，并通过主观加工和处理，创作一些图像，以表达一种情感，思想和概念。因此，传统的人物、植物、动物、文化痕迹以及一些约定俗成的图像元素的符号，无不呈现出深远的国家内部的思想，反映

图5-37　黄杨木屉玳瑁嵌牙四合如意纹盒
清中期

了我们祖先的情感欲望。例如玄鸟在古代传说也被称为凤凰，寓意吉祥、幸福的；太平中国结是喜悦和团聚的图形符号；圆形方孔象征丰裕，安泰；太极拳中阴和阳的身影旋转，青铜器上图形的抽象意义，都是传统的视觉感知和思想价值在民族文化上的体现。“方胜”是中国特有的吉祥文化象征，它代表着同心结合，相互联通的好意。来自佛教的“八吉祥”和“盘龙”形，它们的演变和发展当中蕴藏着一段很长的历史，表达着一种互补思维，也承载着人生的情感寄托和对幸福的不懈追求。

传统的绘画、雕塑常见的主题有松、竹、梅岁寒三友，它们是古代文人崇高精神的代表，也是文人们用以托物言志的对象。这些都融入了他们对所坚定的思想的信心，对平静和谐的生活的追求，也是对传统儒家之道学说的响应。他们主张通过文化促进社会和生活礼仪秩序，倡导天人合一、五行协调的思想。中国文人含蓄而内敛，崇尚自然的精神，这也反映在传统视觉图形的表达上，意动性功能是指通过传统的图形符号来影响人，并达到一定的实际效果，传统的图形中的意动性功能往往表现在意识形态领域。那些帝王将相和古代文人都通过图腾符号来传达自己的权利，信仰和愿望，并且还用图形记录他们的丰功伟绩，以使后人生活在他们所规定的伦理道德约束下。许多历史文献和考古记录证实，在中国文字尚未统一之前，中国民族纹饰的造型、主题、颜色和工艺等均与“礼”有关，所以装饰本身也发展出一套特殊的文化规范。因此，日常用具等基本生活必需品上的装饰纹样也不可或缺的被烙上文明规范和文化约束。例如，在民间广为流传的二十四孝图，作为一种道德行为规范的图形符号，都对传统封建礼教产生了深远的影响，体现了文学的教化功能和儒家的“成人伦，助教化”的思想。

图5-38 白檀木嵌玉雕云蝠灵芝纹如意 清中期

图5-39 故宫门装饰图案

3. 标记功能

标记功能指的是传统的图形符号可以作为一个国家，一个民族，一个城市，一类特殊的事物或事件等的代表。从某种意义上说，传统图形符号的主要作用是具有一定的象征功能。

标志存在在人类社会各个角落，与人们生活有着密切的关联。标志层级较多，大到族群崇拜的图腾、国家的国徽，小到居住的门牌、路标等。传统图形的符号则属于层级较高的标志，比如龙，作为中华民族的图腾，是祖先想象力和现实已有的动物形象结合的产物。商、周时期就已有简朴的龙纹，到秦、汉时期，龙纹更加细致化。龙作为经典的传统图形，历经各代，一直在变化。时至今日，我们依旧要从传统中取其精华，并结合时代背景进行创新。正如张汀先生在《中国民间艺术》中所说："在新的历史条件下，与时代同步前进，这将有利于学术研究及艺术创作借鉴，同时有利于提高国民审美情操与文化素质。"从中可看出，艺术创作也应该随时代发展不断地向前迈进。传统图形的内涵和功能在很多地方是重合的，但内涵和功能彼此有着相辅相成，不可分离的关系，它们统一在图形符号之中。内涵和功能多数情况下是统一的，但为便于论述，此处将两者分开阐述。通过对传统图形的研究，我们可以认识到，传统图形不单具有图形美学功能，同时还能反映出对事物的认知特征。从传统图形中感知本民族的认知特征，这对客观对待本土设计，认知西方设计，有着非常现实的需要。

传承与再设计

Inheritance and Re-design

纵观中国传统图形的发展过程，从图形样式到图形语言，既有统一的脉络，又有丰富多姿的创新，它们以纷繁多姿的盛态和统一的民族格调绽放出民族精彩的传统视觉文化。传统图形的创新再设计，要与新的技术和观念相结合，这也是传统符号融入当今时代的必要条件。

壹　传统图形在当代设计的创新思维

1. 中国传统图形的现代感

所谓传统图形的现代感，其实就是与时代的契合，即时代感。回顾中国现代设计的发展的历程，西方设计的现代主义风格对我国的设计是影响甚深的。所谓现代感，它囊括了时尚、流行、简约等特点，也是当代设计的风尚，所以说，只有具有时代感的设计才能被当今的人认同。因此，传统的图形如何被开发再设计，并且与当今时代文化相默契，是我国的当代设计面临的重要问题。

纵观中国传统图形的发展过程，从图形样式到图形语言，既有统一的脉络，又有丰富多姿的创新，它们以纷繁多姿的盛态和统一的民族格调绽放出民族精彩的传统视觉文化。这些图形符号积淀下来了丰富的内涵，是中国传统文化重要的组成部分，它们还会继续发展，成为有内涵、有形式的“中国味”图形。

融合古今、贯通东西一直是设计师探索的设计道路。在全球文化碰撞、融合更加激烈的时代背景下，我们的现代设计跟进时代的新发展，科技发展带来新的观念、材料、媒介、技术等，这一切都为现代设计的发展和变革提供了新的可能。中国传统图形的创新再设计，也要与当代新的技术和观念结合，这也是传统的符号融入当今时代的必要手段。在现代设计中，单纯对传统元素进行堆砌，只会是一种守旧生硬的手段；过多地追求抽象的现代形式，图形本身又会丢失其内涵。透过中国优秀设计师已有的经典作品来看，他们的作品共同点都在于既有设计的现代感，又不失传统的风貌。这些优秀的设计，大多受传统文化润泽，同时散发出现代的光辉，传统图形现代化是视觉设计的一条新思路。

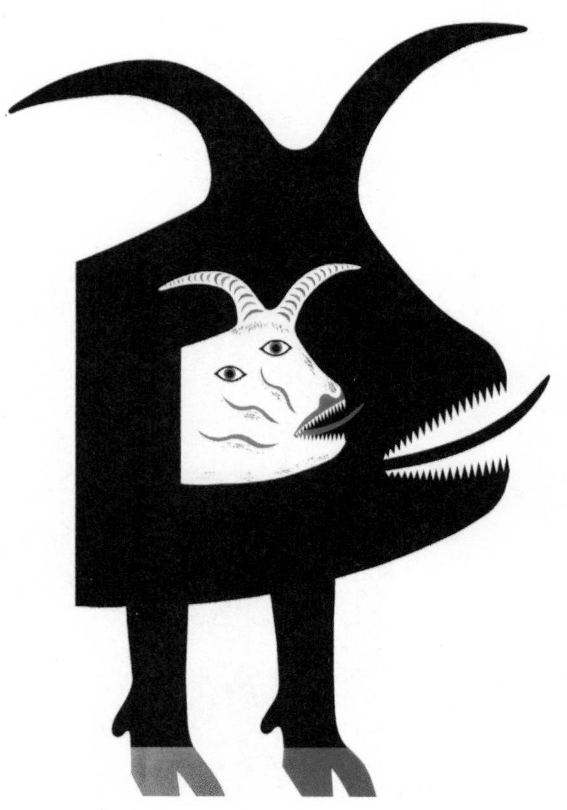

图5-40 图形设计的现代风格

2. 创造性思维的构成

当代视觉设计中，图形扮演着极为重要的角色，其用途较广，表现手法也极为多样。图形的设计有着较为复杂的创作过程，首先，设计者需从主题出发，发挥个人想象力，找出与主题有内在关联的视觉形象，再整合创造出全新的图形概念。图形创意设计的思考方法较多，大致有垂直思考法、关联思考法、发散思考法、反常思考法等几种。

2.1 垂直思考法

垂直思考，是一种纵向深入的思考方式，它遵循一定的逻辑关系，有一定的方向和路线。垂直思维用于图形创意设计时，即确定创意点之后，根据创意点进行图形设计，并在图形上进行纵深式思考及深入塑造。

2.2 关联思考法

相关思考法是一种非连续性思考方式，多从主题关联的其他对象里入手，它在各个关键点进行发散，也是一种对垂直思维的补充。相关思维用于图形创意设计时，即对现有的假设提出新的观点看法，或是暂时停止某一方向的判断，而转换到另一角度去思考创作。

2.3 发散思考法

发散思考法，又称为扩散思考法，它不是一种具体的思维方法，通常被人们理解为涵盖了多种思维方式的一种体系。它的思维过程中，多将完整过程拆分成“点”，并对点进行发散思考，这种思维方法能获得更多的创新内容。扩散思维用于图形创意设计时，常表现为基于原始素材进行发挥，运用不同的思维方法，多角度思考，提出创意的不同可能性，并综合分析、调整，从而得出较为完善的方案。

2.4 反常思考法

“反常”即与不同于正常情况。从视觉传播的角度来看，“反常”常能引起人们知觉更大的注意，传播效果较好。反常思维并非对常规思维背后逻辑的打破，而是对常规思维的对立面寻求新的思维方法，破除思维定式，从而建立新的思考角度。在图形创意设计中，反常思维有较多运用，且作品常获得广泛关注，如埃舍尔《画面的双手》这副作品，它构建的视觉矛盾空间，区别于传统作品，给了受众视觉上全新的体验。运用反常思维创造出来的图形设计作品，常用不同寻常的构思，让人们视觉上得以解放，获得全新的、强烈的视觉体验，它为图形创意设计提供了更为宽广的空间。

3. 自然元素的发掘

在我们的生活中，交织着自然界各种各样的元素和元素之间不同的组合，这也是我们获取创意灵感的源泉。如：从某种元素组合关系里提取有运用价值的单独元素，用于图形创意的设计；或赋予设计元素其他特征，用多变的形式改变图形的原有属性。对自然元素自由灵活的应用，是图形创意设计的重要手段。

3.1 矛盾关系

矛盾关系遍布我们的生活，如大和小、黑和白、实和虚等。在图形创意设计的过程中，巧妙利用矛盾关系，改变人们视觉上的惯性，也可利用矛盾创造出不同寻常的矛盾空间，形成一种视错觉，给人以新颖的视觉感受。

3.2 组合形式

将单独的物象进行结合，也可以获得具有独特视觉效果的图形创意作品。这种方法的优势在于，能够打破自然本身的局限，通过设计者主观能动性将设计元素进行融合。从组合的方式来看，除将不同物象结合之外，还可以通过改变物象的组合关系来获得新的视觉效果。

3.3 趣味创新

图形创意设计中，有趣的内容和形式可触发人们愉悦的心理感受。在图形设计中，可以发掘自然中已存在的幽默趣味点，将之视觉化，营造出有趣味的视觉效果。或者也可以打破自然的限定，用重构、错位等表达形式营造图形创意的趣味感觉。

3.4 民族元素

传统艺术中有大量优秀的作品，积淀了人们长久以来的智慧。从这些优秀的传统艺术作品中汲取营养，对我们的图形创意设计是极为有利的。一方面，从传统艺术作品里提取内容，用新的形式将提取的内容进行呈现，可以使图形从内容到形式，皆具新意。另一方面，传统艺术的文化价值也会增添当下创意设计的文化底蕴。比如，我们可以从民间剪纸中提取造型特征及设计形式，在进行与之相关的图形创意时，传统民间艺术的审美价值和文化品位将融入图形创意作品之中，同时也被赋予了新的内涵，达到较好的传达效果。

4. 空间意识的创造

空间是几乎每个领域都会涉及的概念，它渗透到方方面面，在二维的图形设计中，运用三维的空间概念，会使作品保有一种独特的吸引力，让人印象深刻。在设计学院对于设计师的培养过程中，加强他们空间感的训练，在作品中恰当地运用结构变异、空间混维等手法，从而使设计师能从多维角度、视点来进行创意设计，给信息接受者一些不同的心理感受和视觉冲击。例如，可以对立体的物象运用平面设计的方法，进行图形创意。因此，空间意识的创造，对图形创意具有重要的意义和价值。

贰　传统图形在当代设计中的应用

图形语言是视觉传达设计中的基本表达方式，它广泛地应用于视觉传达设计的诸多领域，在各个领域中又表现出其独特的风貌。同时，随着图形语言表达由二维向三维空间的扩大，图形语言的应用领域也更加宽广，它不仅包括了广告招贴设、包装设计等，还拓展到了产品设计、数字媒体、橱窗展示等各个领域，表明图形语言的应用已从传统的平面空间更多地向立体空间、数字化空间的延展。

1. 在平面设计领域的应用

1.1 广告招贴设计

广告招贴设计，即海报设计，是平面设计领域中的传统门类，它由于其大众化、平民化，且贴近生活的特性，一直活跃在公众的视线内。海报最重要的作用就是准确、快速地传达信息，但是由于现代生活的快节奏，而且每天人们的双眼已被各种信息“喂饱”，如何在视觉信息爆炸的时代脱颖而出，就成了海报设

右页

上 图5-42 窗花的图形极富中国特色，与大脑的形态完美的结合。

下 图5-43 此设计从典型的中国传统纹样中汲取图形语言，与现代创意方法相结合，设计出具有中国特色的广告招贴。

左页

图5-41 现代图形设计。

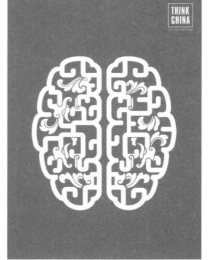

计最重要的问题。因此现代的海报设计更倾向于简洁、清晰，一目了然，视觉冲击力强，且富于内涵。图形设计在这里可以说是功不可没，不可替代。无论是具象的图形还是抽象的图形，作为广告招贴设计中的主要传播元素，可以有效地将设计者所要表达的内容形象化、直观化，从而达到较好的视觉传达效果。

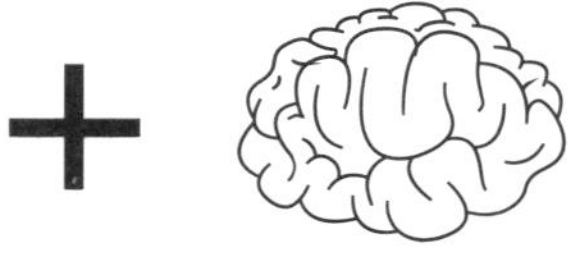

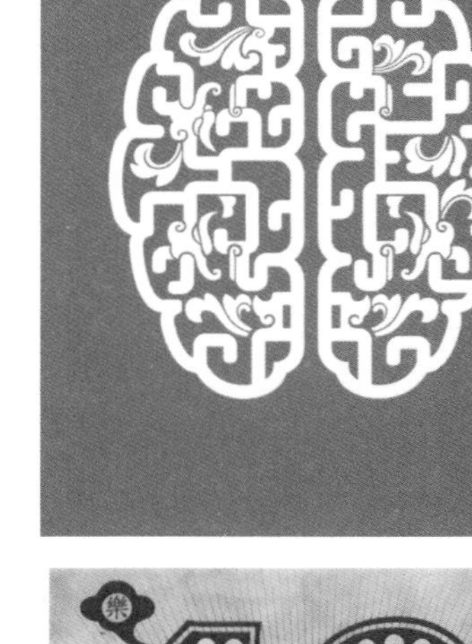

创意方法

1.2 包装设计

包装设计本身已经成为一种传达媒体，而图形语言又是影响包装视觉效果的主要因素之一。图形语言在包装设计中既可以通过具象的图形来表现包装产品的真实感、质感，也可以运用抽象的图形来表现具有强烈视觉冲击力的包装设计。

有效的图形语言可以引发人们对包装产品的关注和喜好，在一定意义上能够改变产品的品位和档次。

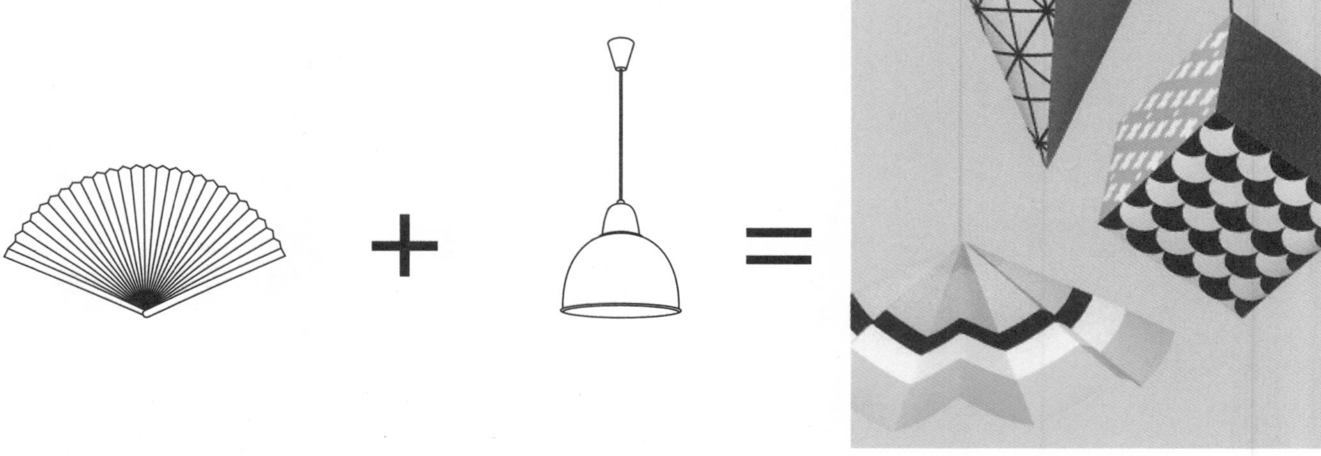

右页

上

图5-45 图5-46 将传统瓷瓶的形态进行图形化转变，以传统瓷瓶上的纹样为元素设计现代图形，结合包装盒、折页等平面载体，形成优秀的现代平面设计。

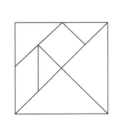

下

图5-47 将折扇的「折」这一特征进行图形转化，结合产品的特性，将传统图形的概念注入至系统设计中，结合现代工艺、材质以及设计手法，使得设计案例既时尚又具有传统底蕴。

左页

图5-44 七巧板的神奇就在于多变，用七巧板的形式与包装相结合，包装盒形式丰富多变。

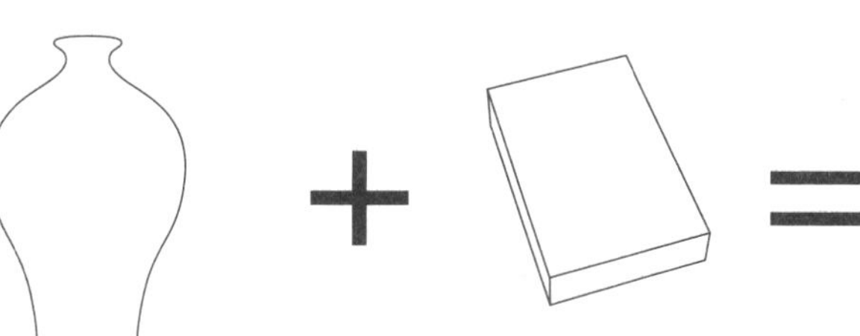

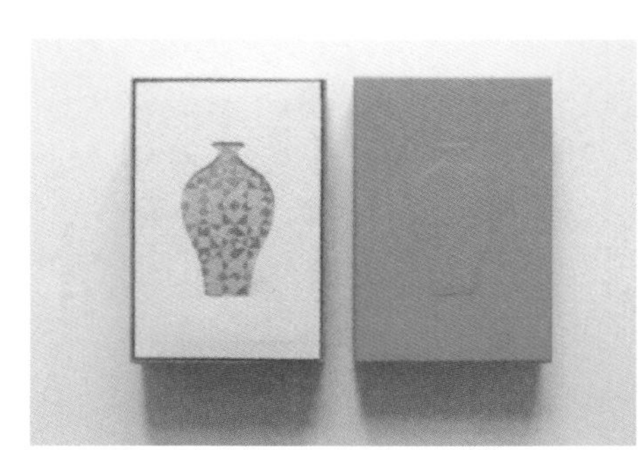

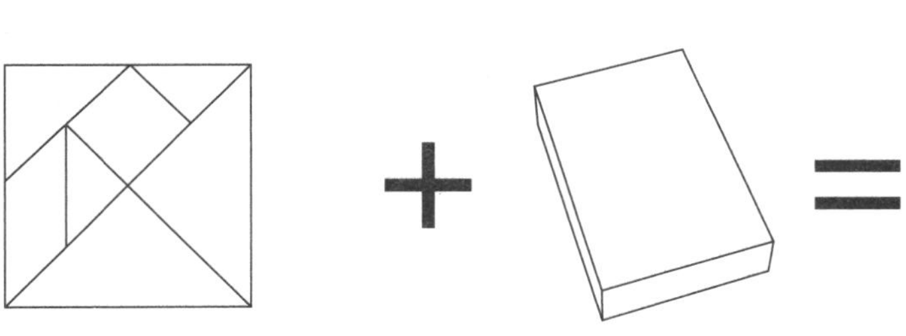

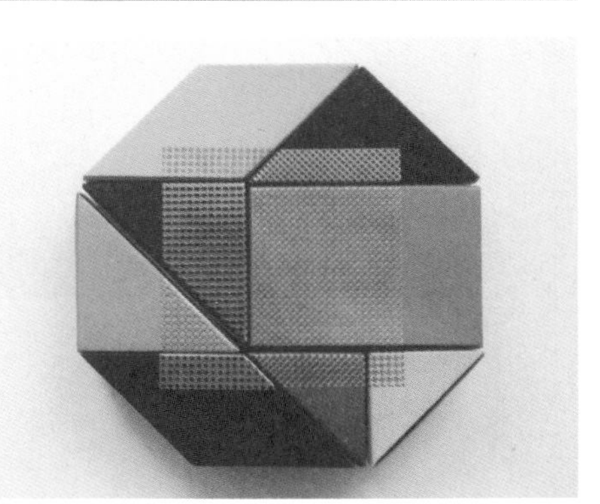

右页

上

图5-50　利用折扇的特性，与导向标识牌相结合，利用折的关系，合理的区分了导向内容。

下

图5-51　图5-52　江南的窗格灵动而多变，将其与环境中的盲道相结合，打破常规的无聊性，增添了一点生气。

左页

上

图5-48　牡丹被誉为中国众花之中的代表。此设计正是利用了牡丹这一特性，对牡丹进行图形设计，并与文字以及平面相关延展产品相结合，打造了k「重新设计东方时尚」这一想法。

下

图5-49　此设计从典型的中国传统纹样——回纹中汲取元素，与现代创意方法相结合，设计出具有中国特色的LOGO。

+ YIYLren =

YIYLren

+ 创意方法 =

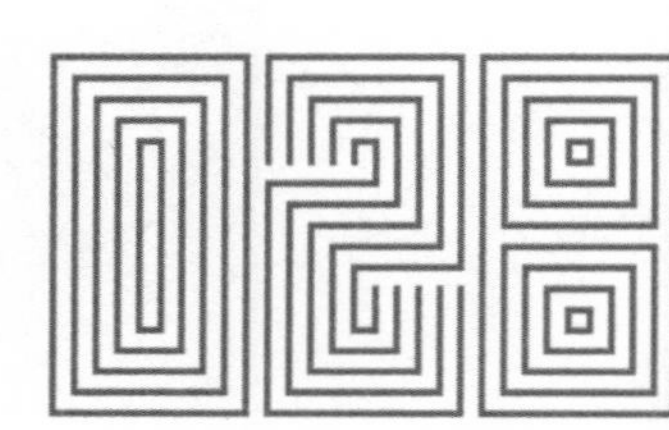

2. 在空间设计领域的应用

随着各领域设计的界限模糊化，图形设计也不仅仅从属于平面设计，我们可以看到，现代的橱窗展示设计、建筑艺术、园林景观等三维空间设计中，图形设计也占有一席之地，并且达到了很好的效果。于平面中图形设计不同，在立体氛围里，图形语言除了表达本身的内容之外，更强调空间的互补、视觉的协调，或用视错觉创造出引人入胜的趣味图形。

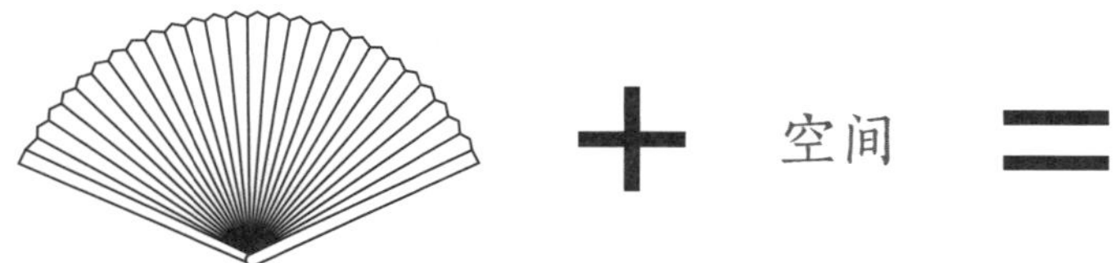

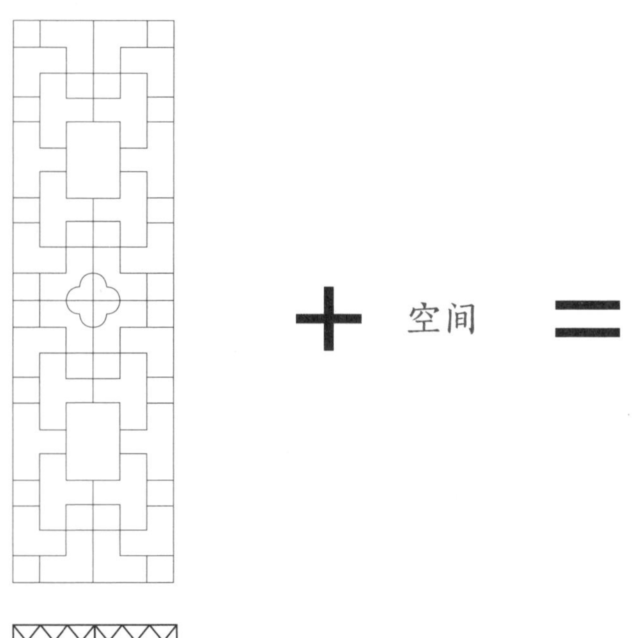

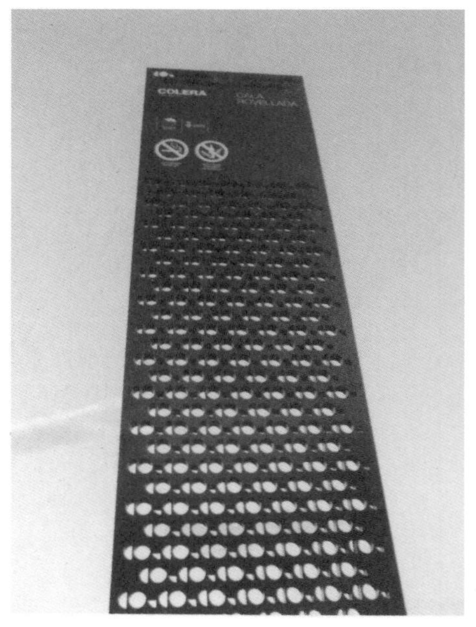

+ 空间 =

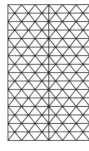

右页

上

图5-54 半木作品·「官帽」置物盒

造型源于清朝的官帽，细腻柔和的苏州丝线，手工扎制成穗，搭配手工精心打磨的红木盒，造型稳重经典，又不失时尚感的桌上摆设。

下

图5-55 半木作品·「官帽」牙签盒

左页

图5-53 中国2010年上海世界博览会——中国馆

展馆建筑外观以「东方之冠，鼎盛中华，天下粮仓，富庶百姓」的构思，表达中国文化的精神与气质。其中最夺人眼球的是那抹「中国红」。中国馆的「斗冠」造型除了整合中国传统建筑文化要素外，地区馆的设计也极富中国气韵，借鉴了很多中国古代传统元素。地区馆以「叠篆文字」传达出中华人文历史地理的信息。

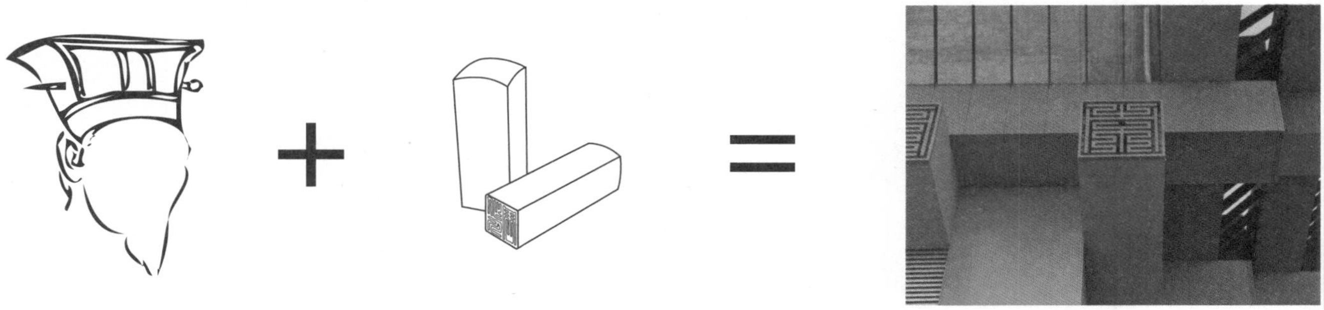

3. 在产品设计领域的应用

产品从广义上来说，是人类劳动创造的一切物质资料，其中包括生产资料和消费资料。产品设计除了产品的色彩和外形外，还涉及人体工程学、仿生学、符号学、审美心理及材料工艺等多方面要素。好的工业设计，不仅仅是从“能用”到“好用”的区别，更是一种物质满足到精神享受的跨越，因此设计师不仅要对产品的功能做出详细的研究与分析，还应特别注意其产品的语义内涵和社会属性。产品上的图形是产品设计的重要内容，它可与产品的形态、色彩、材质一起形成产品独特的语言，传递给人一定的信息；也可以作为一种独立的符号，给人以明确的认识或是模糊的感知；当然它还可以是纯粹的视觉表现，作为审美对象被人观赏和品鉴。近年来，工业产品的批量生产使得“同质化”现象日趋严重，产品之间的差异性越来越小，而广大消费者已经厌倦了长期面对统一面孔的产品外观。求新、求变、求异的心理让人们对有着个性外衣的产品十分着迷，因此产品外观视觉表现的重要性逐日凸显，而图形作为在产品上的一种视觉表达手段可以极大满足消费者的心理诉求。

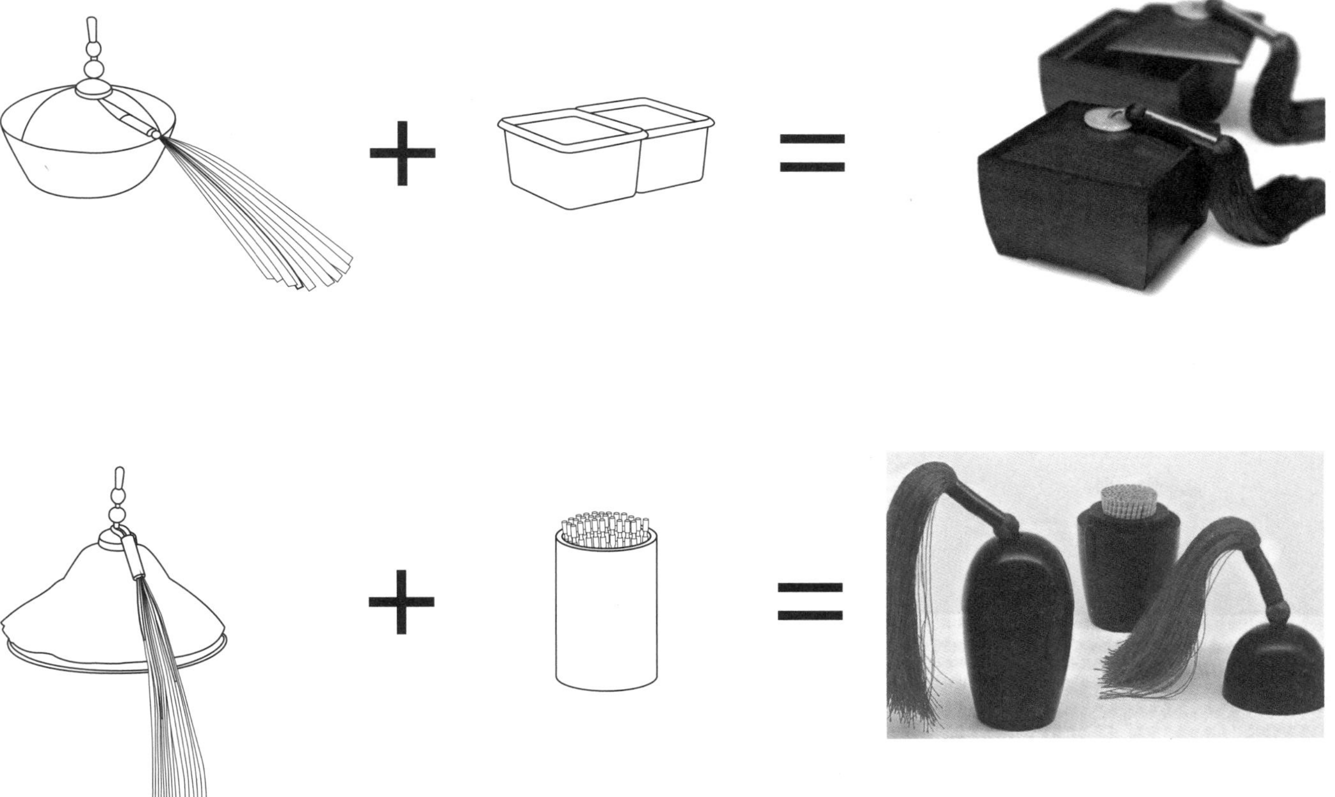

右页

上 图5-59 半木作品·方胜椒盐罐／食盒。灵感来自清朝雕漆八吉祥方胜套盒，以两个菱形重叠一角组合而成的方胜椒盐罐和食盒，简洁利落的线条勾勒出造型逗趣的实用桌上器皿。

中上 图5-60 JIA作品·弦纹茶组。灵感来自南宋青瓷弦纹樽，圆筒形器身，三蹄足的逗趣造型，以全白陶瓷加上器身上圆润弦纹线条，为茶器带来温暖厚实的质感。

中下 图5-61 JIA作品·鼎锅.设计灵感来自中国的鼎，为让产品更符合现代烹煮习性，利用优质铸铁材质容易导热的特性，此款产品适合保温、进烤箱、炉火炖煮。

下 图5-62 JIA作品·豆盘。中国人对于宴客的各类器具甚为讲究，形似高足盘的「豆」，是先秦时期的食器和礼器。设计师取样豆的圆盘高足形貌，不规则的磨砂表面，更添含蓄手感，全新呈现当代豆盘。

左页

上 图5-56 半木作品·「木开信刀」发替。没有金属的冰冷，温暖安全，可以是一把开信或裁纸刀，也可顺手插在发髻间，秀出一番别样风景。

中 图5-57 半木作品·香插，一次欧洲游历有形的时间。

下 图5-58 半木作品·八音盒。中式的精髓是意境在水天一色的湖面之上，静静地漂了许久，远离繁华都市，虚度光阴。

+ =

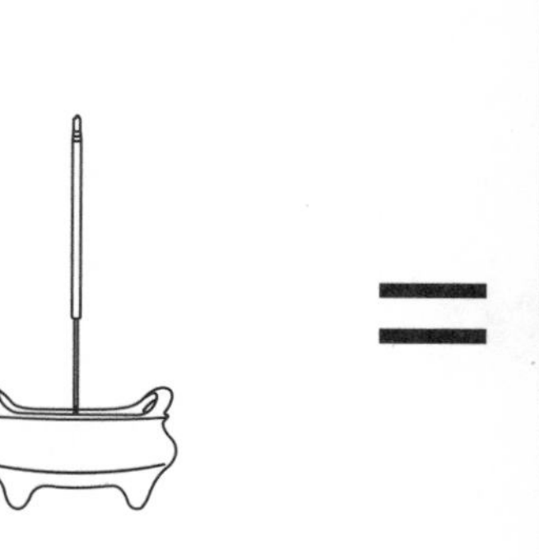

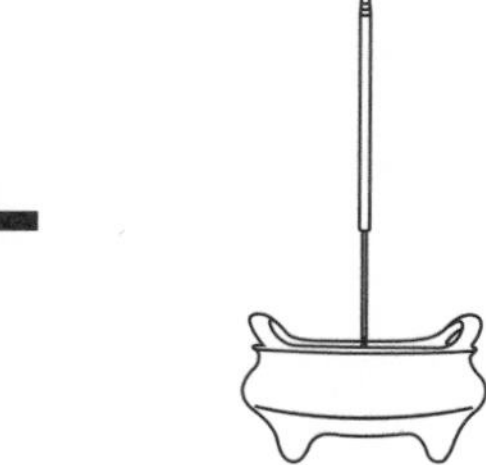

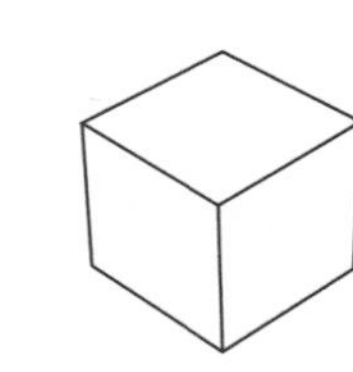

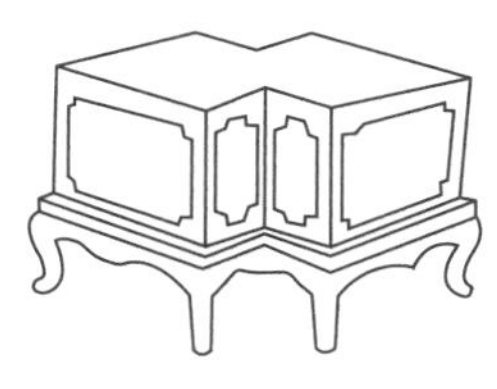

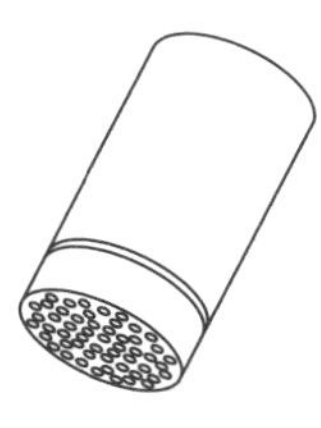

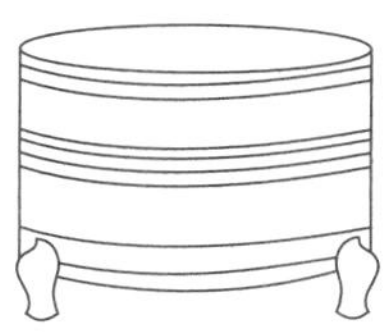

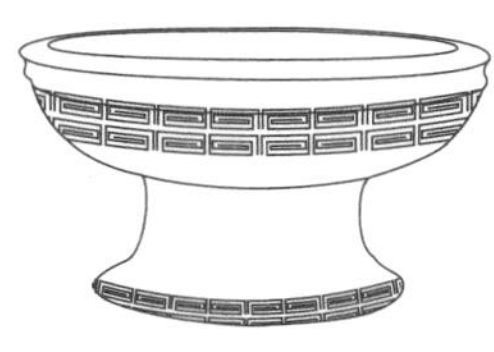

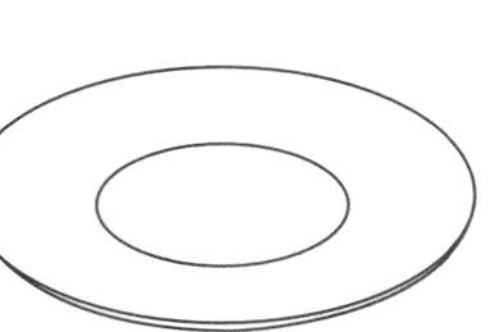

右页

上 图5-64 半木作品·「喜字」烛台。简洁有力的线条颠覆传统符号的简单复制；反复细致的手工打磨，在得硬朗挺拔的形态之时也体现设计师对于时间的尊重。

中 图5-65 半木作品·「光环」烛台。世上的一切都是个圆。是轮回，是彻悟，一切皆空。

下 图5-66 半木作品·「笛」插香座。笛有九孔，这里却是代表时间的12个圆孔，好像十二个刻度一样，燃烧后的青烟依次从孔眼中慢慢飘出，画出时间的印迹让人重新思考家的意义。

左页

图5-63 JIA作品·家当／瓢碗瓢盆。在物资不是很充裕的时候，中国北方农民将天然晒干的葫芦剖半用来舀水、淘米。吃饭的工具就是重要的家当，象征家。在拥有一切的富足社会中，使用全瓷重新诠释这个质朴的食皿让人重新思考家的意义。

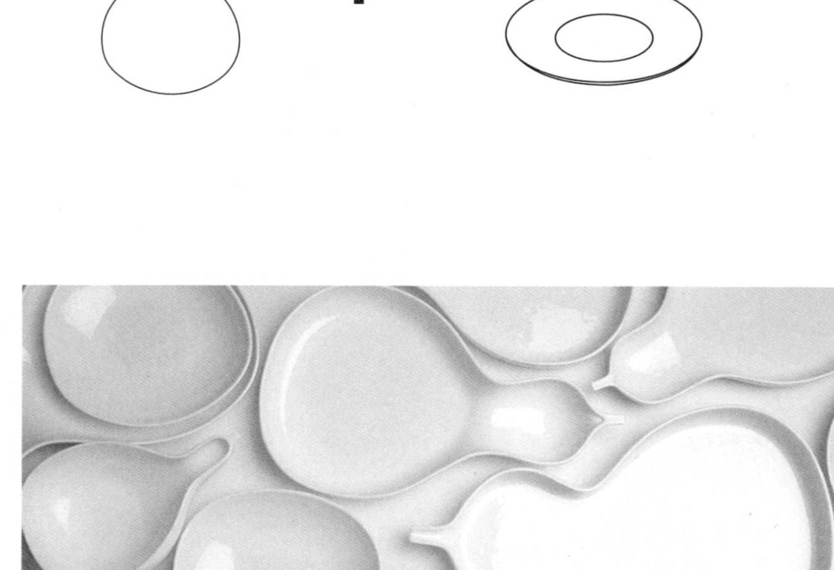

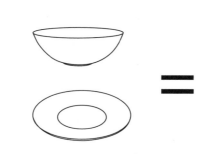

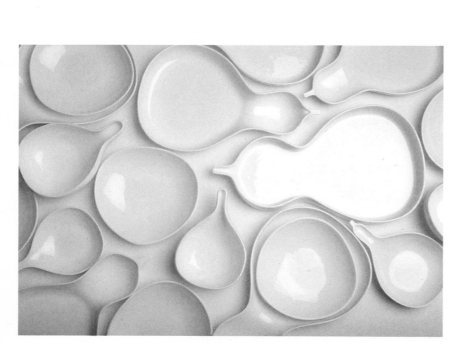

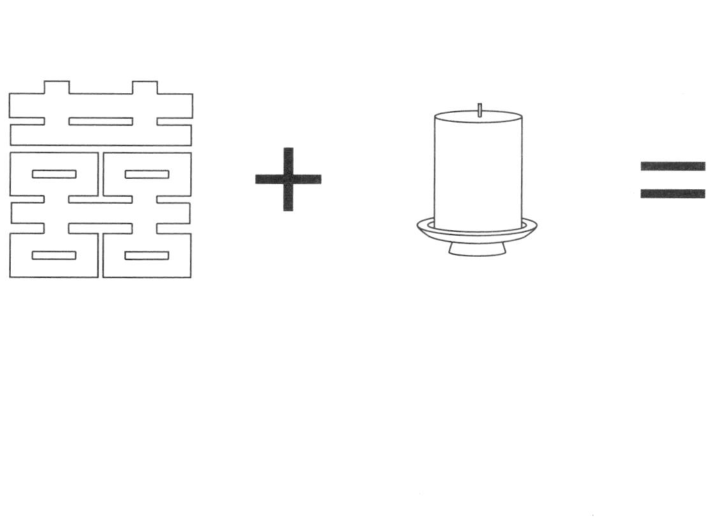
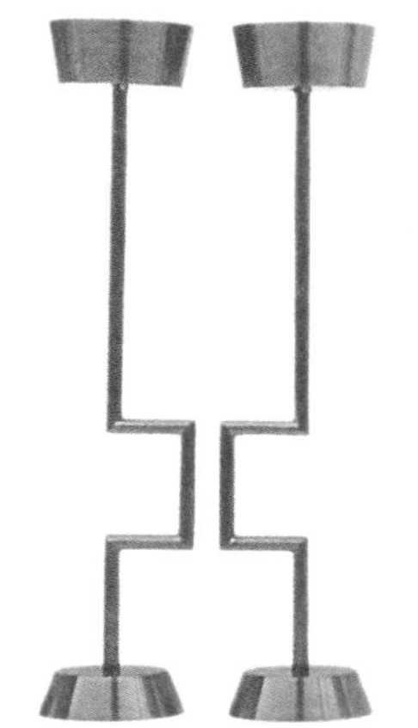
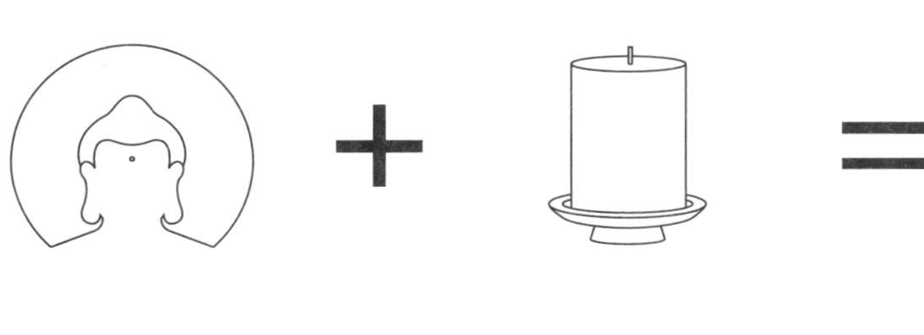
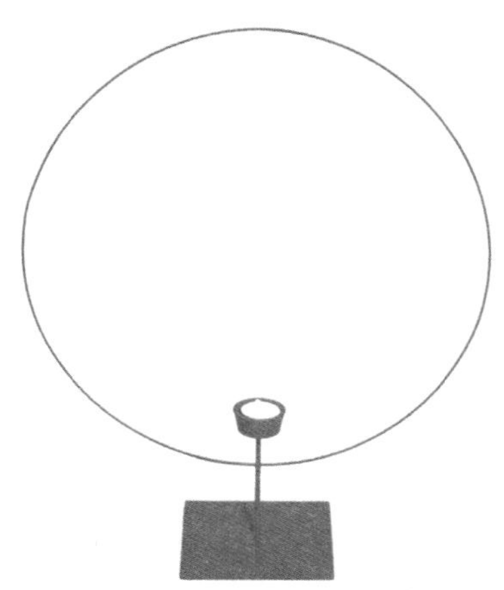
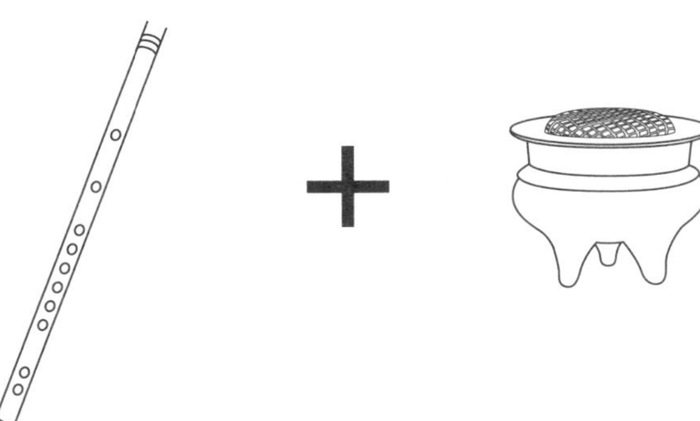
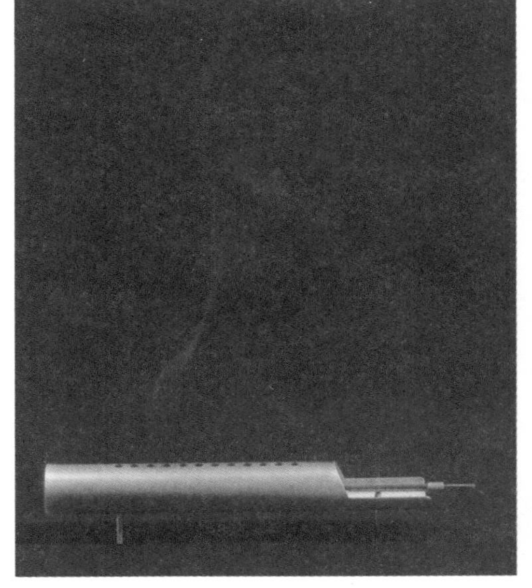

右页

上 图5-69 半木作品·「清风」系列高低衣架。受到瑞士存在主义雕塑艺术家贾科梅蒂的影响，半木的「清风」系列以「减法」的设计语言使作品剥皮抽筋，最终只保留筋骨。

中 图5-70 筷笼。很好地利用了传统折扇的折这一图形特征，结合现代工艺材质，设计出全新的现代筷笼。

下 图5-71 半木作品·盥洗台。传统脸盆架的独特魅力，简化后的语言既不失传统的底蕴，又能带来全新现代时尚的感觉。

左页

上 图5-67 喜字水杯.传统喜字热水瓶的图形转换，结合现代水杯的形态以及材质，设计出现代时尚个性的水杯。

下 图5-68 半木作品·「篆书」系列椅。此款篆书椅用高密度板切割成上下两个不同的模片，并用横向插板把若干同样形状的模片插接而成。将传统斜榫结构及人体工程学融入传统篆书书法的运笔笔意，线条圆润刚劲，方圆兼用，有弹性并蕴含生命力。好似从地面以一种舒缓的节奏蜿蜒向上生长，一气呵成。

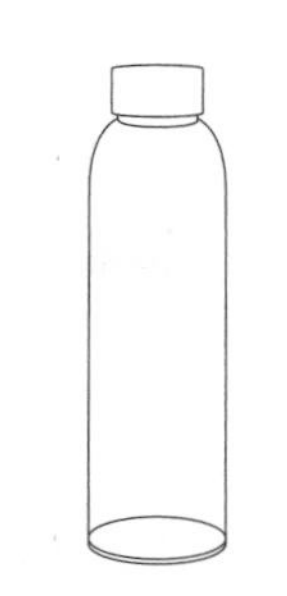

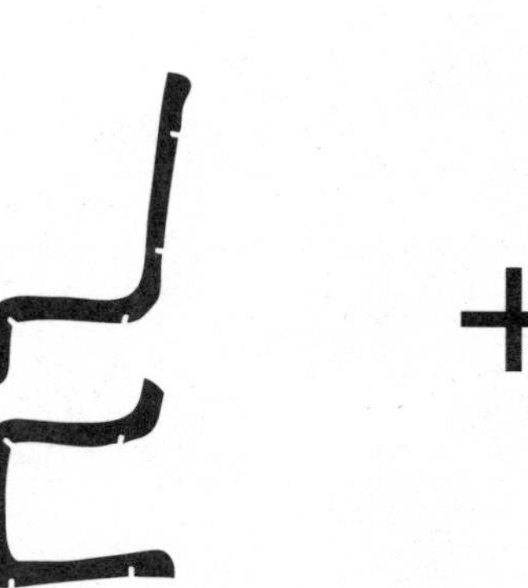

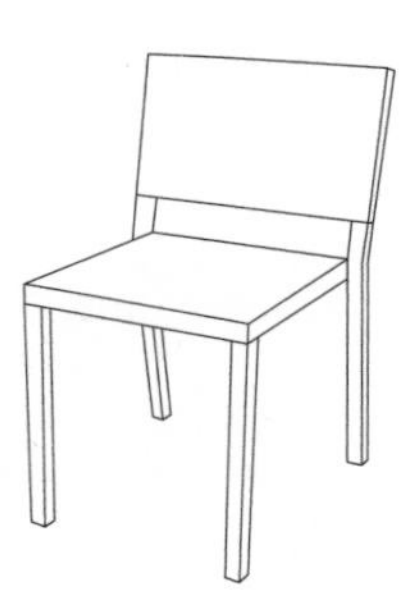

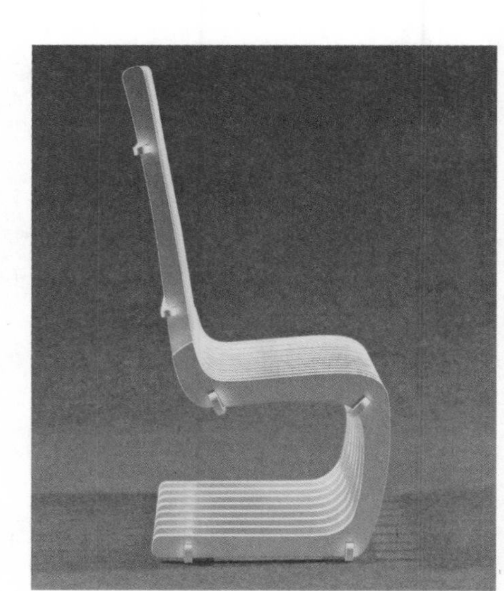

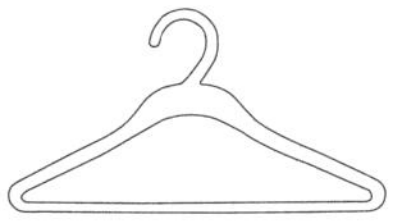

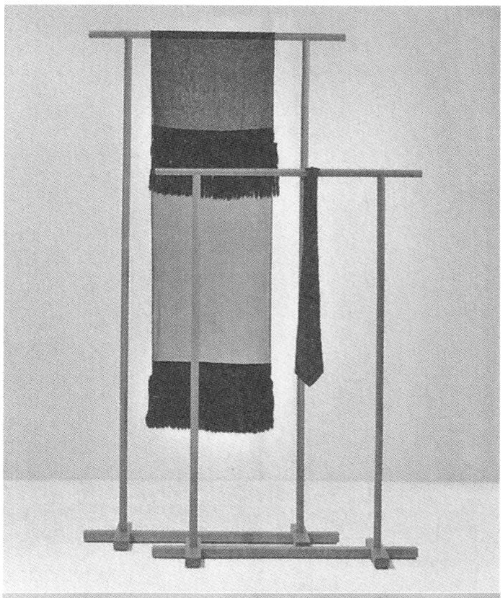

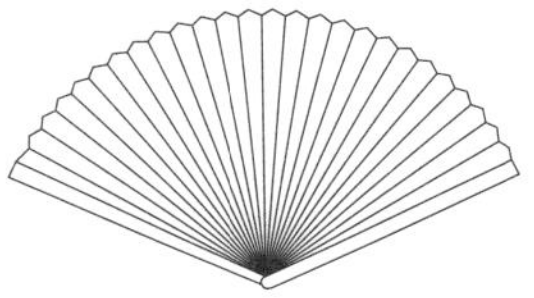

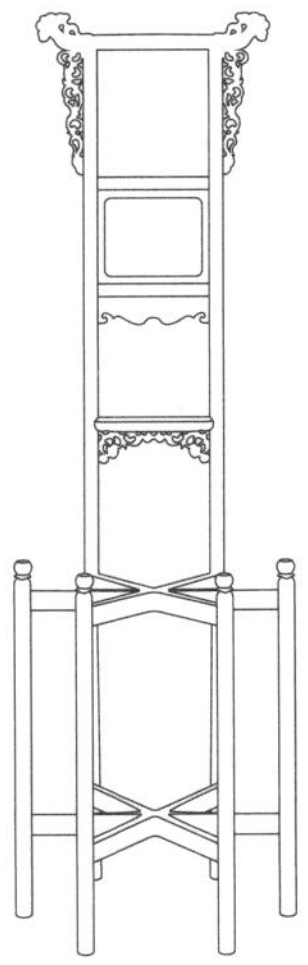

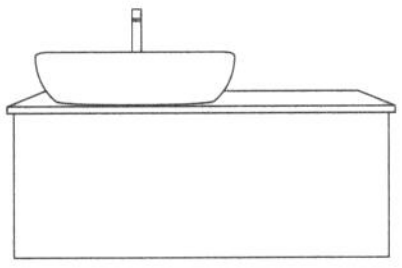

+ =

+ =

+ =

4. 在数字媒体领域的应用

数字新媒体艺术紧密结合了艺术与其他前沿科学，比如量子论、计算机、经济学等，跟大地艺术、装置艺术、成品艺术很不相同。它有很多种表现形式，但目的只有一个，即通过用户和作品之间的直接或间接互动，改变了作品原来的运行轨道，从而产生了新的造型、影像，甚至赋予了作品新的意义。

从艺术史的角度来看，新媒体艺术的基因来源于早期的未来主义、观念艺术、达达式行为和表演艺术等。艺术家们不停地从新的载体、材料、学科以及交互模式中汲取养分，不断探索发觉新的思维、新的人群、新的世界，他们对于观众可以参与作品、改变作品、成就作品这个想法感到兴奋，好像艺术的新的形式就此诞生，不再拘泥于固定的实体、固定的地点甚至固定的创作者，艺术品已经脱离它的客观实体，而更注重艺术作品形成的过程。总的来说，20 世纪的科学新领域的发展，对于当代艺术家有着深深的影响。

数字新媒体设计中应用的图形是多媒体设计中的重要组成部分 , 它对多媒体中视觉传达的引导性、视觉传达的交互性、和“人性化”的本质特征起着重要作用。

在一般情况下，人们视觉上对内输入时，都会去寻找一些视觉规律，这说明了设计师在图形设计时要充分考虑人的自然生理特征。比如，人从小养成的从左至右从上至下的读书习惯是很难改过来的。因此图形设计一般要表现出一定的流动性和明显的方向感，才能带动人的视觉完成信息的阅读，这就是视觉流程。康定斯基在《点・线・面》一书中提到“点本身只有张力 , 而不可能有方向性 , 那么线必然同时具有张力和方向”。因此，尤其是在新媒体艺术设计中，设计师更应该在考虑到大众视觉习惯的同时，合理做好图形的布局，组织好视觉的走向，以引导接受者准确、高效的接受视觉信息。

在新媒体设计中，图形语言既用来传达信息，又是新媒体表现形式的一种，媒体与视觉设计本来就是不可分割的两个系统，它们既相互促进，又相互制约。新媒体设计与交互设计有一些交叉重叠的概念，将图形设计和这两者相结合，将创造出更有表现力、更具个性化的设计作品，满足不同用户的不同期待，提高用户参与积极性，在功能良好的同时，不断完善图形设计的交互性，让用户在交互过程中有一种满足感。

新媒体设计的整个设计过程和最后呈现的作品，都是围绕“以人为本”的主题展开的，它是由设计师和使用者共同完成的，所以，它的图形设计都是对于人功能和审美、物质与精神的双重满足。当今世界，人们的压力日益增加，所以

图5–72　故宫出品的一款手机App

以电子日历为基础功能，日历中每日界面中甄选了故宫博物院的院藏珍品，使用者在使用中可纵览各领域珍贵文物及代表作品；同时在欣赏真品之余能够解读部分文物工艺要点及其背景故事；这款APP还具备了心情笔记记录及分享功能，具有充满艺术气息的分享模板；用户注册登录后还可对笔记进行保存和不同设备间的同步。

设计师不希望他们面对屏幕的时候还是一种被动的被指引，而是一种“沟通”。虽然，至今为止，计算机还没有实现真正意义上的交互，但是，当人们面对界面上的图形的时候，经过精心设计的交互的图形语言会缩短现实世界与虚拟世界的距离，使人在新媒体世界愉快畅游，人机交流更默契，操作更流畅，将刻意设计的操作行为变成一种本能的行为，与此同时增加图形的新颖性和趣味性。由此我们可以看出，新媒体设计中图形设计的人性化就是视觉设计中视觉引导性和交互性的统一。

新媒体设计是一个综合了各种知识的新兴学科，但是由于它的人性化，使它很快在设计界拥有了自己的一席之地，也一下子俘获了很多设计师和消费者。虽然图形设计在新媒体领域内有着不可替代的作用，但是设计师们如果想继续突破和创新，就要不断拓展新的知识，了解新的事物，学习新的技术，以便更好地服务于信息传播。

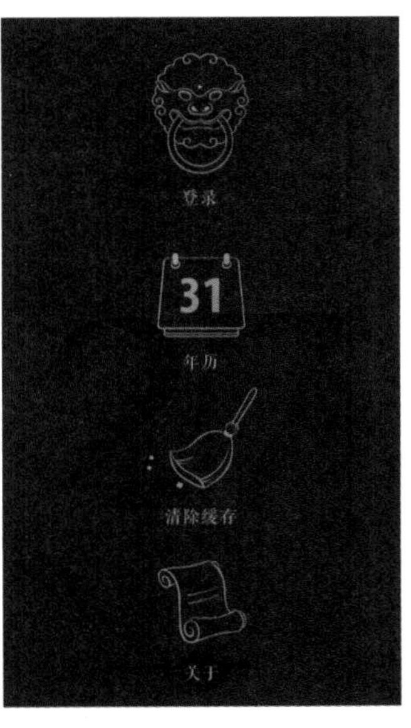

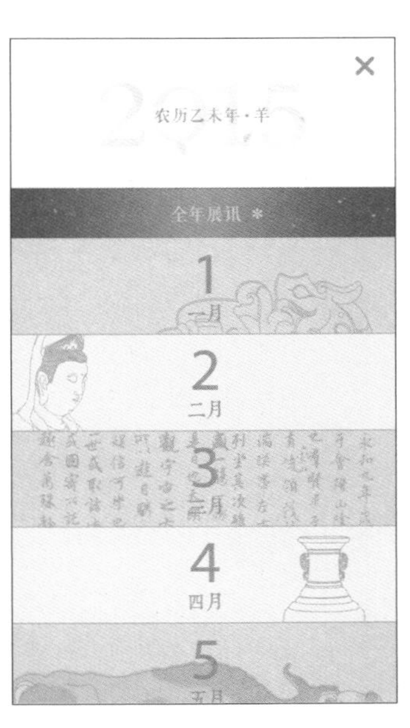

卷六

造物有灵

Inspired Creation

图形设计的研究与拓展

壹 本土文化介入的图形设计研究现状

贰 图形设计研究的思考与重构

叁 拓展式训练的必要性与组织方法

+产品 = 产品皮肤设计／创意产品设计

+平面 = 创意图形设计／情感附着设计

+空间 = 环境视觉设计／视觉标识设计

+新媒体 = 用户界面 UI 设计

图形设计的研究与拓展

Graphic Design Research and Development

在本土文化与外来文化互动的过程中，中国传统图形受到文化冲击。本章节，对图形设计研究进行了思考与重构，并论述了图形拓展式设计研究的必要性与方法，明确了由基础理论向专业研究过渡、单一专业向相关专业交叉、传统表现技法向综合表达方式融合的设计研究改革思路。

信息时代推进了经济和文化的一体化进程，同时催生了设计的全球化，中国现代设计无论是从形式还是审美观念来看似乎都在短时间内迅速与国际“接轨”，理性、几何、抽象的图形设计迅速占领我们的视野。但是全球化就一定和趋同化、一体化画上等号了吗？事实上，全球化也包含着各种文化的共存，中国设计要有自己的面貌就必须对拥有民族基因的本土视觉元素进行延续、继承并最终进行研究、开发与创新。一方面在当下的图形设计中明显存在着传统与现代、民族与世界的冲突与对撞；另一方面，由于设计问题的日益综合与复杂化，专业间的界限正在逐渐模糊，作为视觉设计最为基础与核心的图形语言表达，如何适应专业间的交叉融合，如何拓展设计方法是值得我们研究的课题。

壹　本土文化介入的图形设计研究现状

1. 本土化图形资源遇到文化全球化的冲击

《马克思恩格斯选集》第一卷：“资产阶级由于开拓了世界市场，使一切国家的生产和消费都成为世界性的了。”资本主义国家以强制或潜移默化的方式使世界认同其价值观。如果非西方国家对于席卷而来的西方价值观不假思索全盘吸收，那么这些民族的人们就会感到精神上的缺失。全球化运动的发展在本土文化与外来文化的互动过程中，中国对外来文化是一种相当开放的民族文化心理，“拿来主义”成了一股汹涌的潮流，使有着悠久文化传统的中华民族面临着信息时代带来的一系列问题。在《国语·郑语》中提及：“和实生物，同则不继”，即所谓“和而不同”，民族的差异性才是世界变得丰富多彩的源泉。如果中国对于外来文化的态度是选择继续“同质”，那么中国设计也将面临“同则不继”的局面。中国传统图形可以说是视觉本土文化中最基础也是最至关重要的一个部分，从在岩壁上原始的刻画开始，随着历史的发展和文化的沉淀，渐渐形成随时间、空间不同而呈现中国特有的民族图形文化。但是这宝贵的资源仍未被充分、有效地开发和利用。现代视觉设计对于社会经济和文化的发展有着不可估量的作用，在现代视觉设计的领域中，中国悠久、丰富的传统图形资源在经济和全球文化日益强大的今天遇到了前所未有的冲击。中国传统图形对本土设计的确立显得至关重要，我们必须对本土化图形有新的认识和理解。

2. 本土文化与现代视觉设计的关系存在不同理解和争论

如何协调中国本土文化与现代视觉设计的关系，在各个不同的领域都引起了广泛的关注，在学术界也存在着不同的理解和争论。有人认为，随着科技的发展、经济的增长和世界一体化的趋势，地球村的概念已经越来越深入人心，全球的人类都有相同的机会共享文化知识、前沿信息和先进科技成果，思想、文化、审美等这些非物质的领域也都在向同一个方向发展，在外部世界对本土文化介入的作用下，中国的本土文化显然也已被深深地打上了全球化的印记，并出现前现代文化、后现代文化等多元、异质文化并存的格局，因此，不必刻意保护和利用本土文化；但是，也有人认为，在日益激烈的国际化环境中，中国设计要在国际舞台上找到自己的位置，就不能一味地追求国际化，否则就没有竞争力和存在的价值，因为对于国际化风格，西方国家是它发展的根源，前期的模仿固然重要，但模仿之后对于自己设计的寻根之旅要有所启发，才有意义，不然永远只是跟着别人的脚步。设计本土化背后所代表的是一个民族的文化自信与自省、设计自主与自强，是在外化的学习中和内质的批判与传承中不断深化对本土文化的认识，并在设计方面寻求突破的过程，这个过程必定是要经历时间的长期性和路径的曲折性。在图形设计研究中，我们要立足中国文化，汲取传统图形的精髓，延续内在的意义，并注入时代的精神，不断探索和求证，最终体现中国设计的价值。

贰　图形设计研究的思考与重构

随着现代设计的嬗变和发展，本土文化资源的价值与利用是本土化图形设计的立足点和出发点。图形设计的本土化设计研究，是在图形背后的中国元素中所承载的约定俗成、审美理念以及文化内涵的研究，以及去其糟粕、取其精华从而达到传统在现代社会的自适应性。我们将如何努力发掘本土文化，合理运用本土文化对艺术设计进行提升、利用和重构，创造性地理解本土文化精神，创造出既具有鲜明的中国气派，又具有国际性的中国当代设计，是图形设计工作的重要课题。同时，针对当下的设计需求与设计教育发展趋势，进行拓展式跨专业研究也具有重要的现实意义。

1. 立足本土文化，建立系统性和传承性的研究模式

一方面借鉴西方现代图形设计的先进观念及现代设计教育的理念，培养创作者的逻辑思维能力，学会理性地分析和研究问题，使创作者掌握国际风格严谨的机械美设计方法。模仿借鉴并不是失去创造力的表示，泰戈尔表示模仿也标识着“对自己的力量的崇高的信心，希望能沿着一位天才的足迹去发现新的世界，希望能掌握自己所尊崇的范本，并赋予它新的生命”。[①]另一方面，在“民族的才是世界的”这样强调民族文化的呼声越来越高涨的今天，随着教育改革的深入，我们必须清醒地认识到中国的设计教育只有立足于本土文化的根基才有出路。在研究中，培养对本民族风格的独特审美观念的形成，建立对于传统图形形式和背景等各方面的研究，并用现代创意思维和创造性的方法，对具有本土文化内涵的图形进行再设计、再创造。从理论和方法论上探讨本土化图形的再创造和现代设计的延伸问题，在理论体系的构架上形成特色。最终建立，图形的认知与表达：东西方融合的知识教授法；主题性训练：以中国传统视觉元素为研究对象，以社会热点问题为依托展开；设计方法建立：关注和解决本土设计问题，强调专业间的交叉融合，形成递进式研究模式。

图6-1
图6-2
图6-3
图6-4
主题拓展部分——图形设计

2. 实践与研究型并重，体现本土化图形设计的时代特征

图形设计是实践性很强的设计工作，如果单纯的从书本上获取对传统图形的认识，那么我们对本土化图形再设计的理解可能仅仅停留在对其表面形式语言的照搬。所以，一方面突破简单的传统面授式的学习方法，对传统图形的研究置于特定的时间和空间，通过田野实地考察、邀请民间艺人进行授讲，还有与市场和社会互动等方式的推进，激发创作热情。引导重新探索与界定当代文化背景下本土化图形设计的概念与内容，对图形设计的方法有新的感悟和认识；另一方面，在加强实际动手能力的同时，注重培养和提高对本土文化知识的研究探讨能力，并在设计研究中强调对传统图形设计的系统性认识，引导对其本质进行深层次的研究，变单体零碎的学习模式为系统性研究模式，并且改变专业技能型培养的学习模式为实践与研究型并重的学习模式，这样也进一步培养解决复杂设计问题的能力。同时要体现一定的创新性视角——本土化图形设计并非是对本土元素的简单再现，

①约瑟夫·肖.文学借鉴与比较文学研究[M].张隆溪.比较文学译文集.北京:北京大学出版社,1982:36.

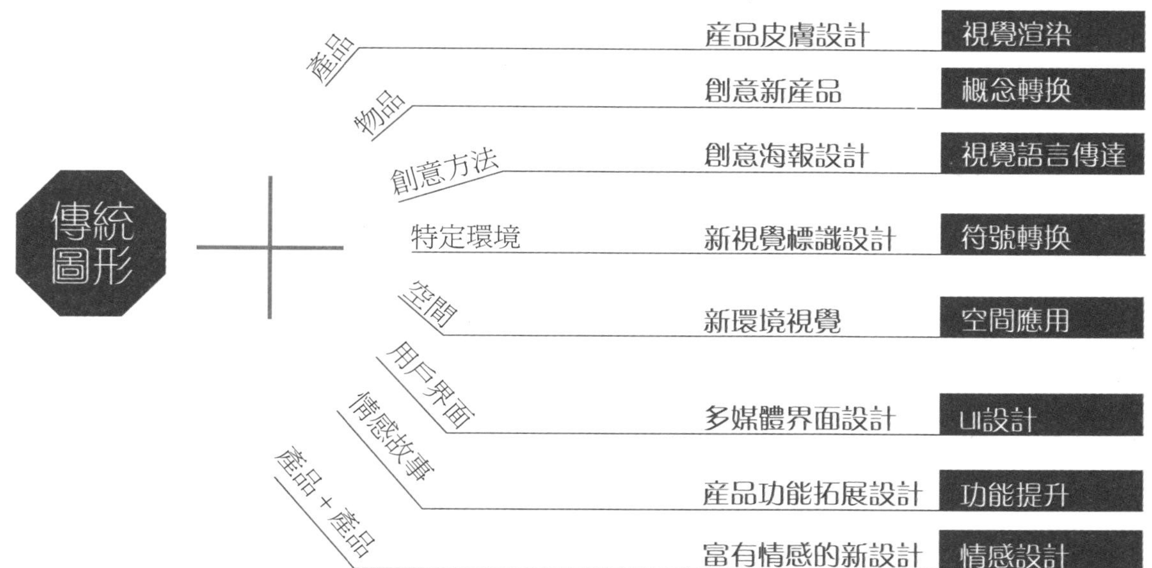

应该是对本土化理念、构思方法、表现手法和设计应用的深度实践和探讨，并且要使其与当代文化相融合，单纯的“拿来主义”只会让本土化图形设计在现代设计环境中显得格格不入，只有结合实际环境和当下现实特点，有目的的借鉴，才能体现本土化图形设计的时代特征。

3. 在研究内容上，注重图形设计研究的延伸性和拓展性

突破图形设计传统的内容体系，努力拓展设计的内核和外延。首先，利用图形设计的方法和原理设计一个富有内涵的图形元素，再将这个图形元素从二维到多维进行延展运用，敢于运用新材料和新媒介来呈现作品，发现各种材料在图形设计创作表现中的可能性，锻炼思考和动手能力，在设计实验教学丛书《过渡——从自然形态到抽象形态》中也提及：“重要的仍然是过渡过程中的思维训练，用脑画画，启发心智，用创造性的设计思维探索造型要素的各种可能性，其意义超过了局部作业的完整性”①；其次，设计不是一个孤立的学科，它的存在恰恰就是各个学科的连结的交汇点，并与整个社会的价值、结构、文化进行互动，所以应该同时将平面图形向信息设计、产品设计、环境视觉空间等跨专业领域做多层面的深度拓展和渗透，甚至将其与理、工、文、管等学科相结合，打破传统思维的禁锢，最大限度地挖掘灵感，把图形设计这一设计教育界的热点话题引入到更为广阔的领域。“由封闭的、纵向的‘专业化’研究模式向开放性的、横向的‘跨学科’研究模式转变；由‘线性思维’向‘发散性思维’转变；由‘国际化’思维向‘本土化’思维转变。”②把图形设计推向课题化设计的崭新模式，从而站在一个更高的起点来面对时代文化背景下的图形设计需求，具有更好的通观全局和掌控全局的图形设计能力，以适应当今信息传播、社会文化、设计产业结构都发生了深刻变化的信息社会。

①周至禹:《过渡——从自然形态到抽象形态》，湖南美术出版社,长沙,2000,第5页.

②设计专业的知识结构正在发生转变：由围绕产品生产的「创造」向系统整合全产业链的「创新」转变；由封闭的、纵向的「专业化」研究模式向开放性的、横向的「跨学科」研究模式转变；由「线性思维」向「发散性思维」转变；由「国际化」思维向「本土化」思维转变。（陈旭.设计理论研究与教学的重构[C].北京：北京理工大学出版社，2013.）

4. 由浅入深，循序渐进的设计训练版块

第一个版块是图形认知的基础研究，主要解决图形形态的基础问题，通过造型方法的引导，循序渐进地训练对图形的感悟、理解和把握能力的训练研究；第二个版块是图形创意的技巧与表现方法研究，在借鉴西方及日本现代图形设计的理论和方法基础上，主要训练当代图形语言的创意方法和表现技巧并明确图形表现的类别；第三个版块是挖掘中国本土化图形的精粹，传承东方文化思想，建立具有现代审美价值，中西交融的本土化图形设计体系。第一、二两个版块是第三版块的基础，第三版块是一、二的延伸。传统的图形设计内容主要是针对国际流行的图形语言和创造方法进行学习研究。教学改革后，在以上学习的基础上将传承本土化图形与现代设计思维相融合作为课题的重点之一，进而培养在传统的图形设计能力基础上，对于本土文化和外来文化以及对现代设计趋势分析的整合能力。以上三个版块由浅入深，循序渐进，相互交织与补充，形成科学严谨的本土化图形设计研究体系。

叁　拓展式训练的必要性与组织方法

1. 由基础转向专业的延伸式训练

图形设计训练内容注重创造性思维和图形设计方法的培养，训练内容相对单纯和集中。训练的不同阶段都有着不同的应用与延展，随着包含图形设计的其他专业的展开，把握“深入研究、确定不同教学阶段必须掌握的核心内容”[①]为图形设计的拓展训练指明了大方向。

当今社会是个读图时代，时代的发展使图形在经济生活和设计领域中越发凸显其重要的地位，这不仅仅是因为图形设计所代表的视觉语言具有极强的先导性和传达性，更是由于它是构成其他视觉传达设计领域其他专业课程方向的基础和核心。在现代设计飞速发展的时代背景下，通过挖掘本土文化对图形设计的影响，并注意结合专业的发展现状，才可算作掌握住了由基础研究向专业研究转换的基本思路。因此，顺应时代需求，在图形设计研究中，强化基础造型能力，注重创造性思维、方法培养的同时，强调知识的延续性和拓展性。引导设计过程中由基础设计向设计应用拓展，真正形成专业基础向专业拓展研究延伸的设计思路，将图形设计向海报设计、信息设计、书籍设计、包装设计、品牌构建等视觉传达领域进行拓展和延伸。

2. 由单一的视觉传达设计专业转向相关专业交叉式训练

图形设计建立在平面设计领域，在设计界强调跨界和融合的当下，图形设计在设计理念和训练方法上进行大胆的突破和改革有着深远意义和必要性，只局限于平

① 深入研究、确定不同教育阶段学生必须掌握的核心内容，形成更新教学内容的机制。充分发挥现代信息技术作用，促进优质教学资源共享。（《国家中长期教育改革和发展规划纲要》（2010–2020））

面单一化的表达、局限于视觉传达设计角度的图形设计思想必将被日新月异的设计发展浪潮所摒弃。

运用跨界思维，进行专业交叉式教学。鼓励将图形设计的分析思路与创作方法与其他设计领域的思维方式进行比较梳理，探寻图形设计融合在不同专业中的切入点，总结出图形设计与其他相关设计专业进行交叉融合的规律方法，比如尽管在其他设计专业领域里，图形语言不再是与视觉传达设计角度相一致的表现形式，但是根据其他专业的基本研究思路与创作方法来看，图形设计将以不同的形式存在于其中。如在产品设计领域，虽然产品造型的三维立体化的思想模式贯穿始终，但是产品表面肌理的表现又将有可能让我们的目光又回到图形设计上，而这个时候与产品设计相关的图形设计就不能作为一孤立的思考对象，如何与产品造型本身有机结合，这就是一个新的机遇，为图形设计融入其他专业学科领域提供了契机与切入点。我们可以引导学生在产品设计中以产品皮肤

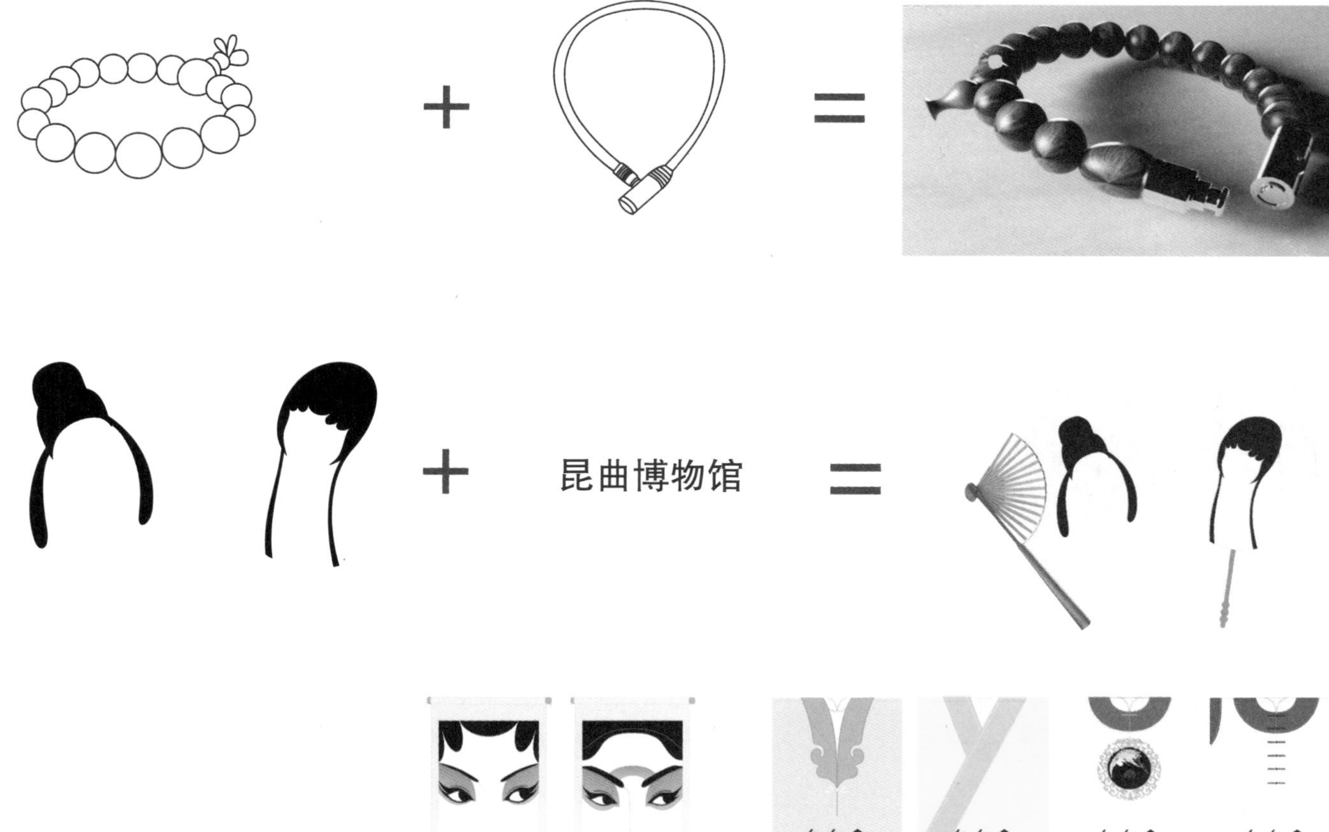

上

图6-5 静心之锁
设计师：孙晓琦／周艳楠
指导老师：魏洁／陈原川／姜靓
佛珠+车锁
佛珠是净化心灵之物，当偷车者想破解这把锁时，也是对他心灵的一种告诫。

下

图6-6 梦回牡丹亭
设计师：张雨婷/徐艺萌
指导老师：魏洁／陈原川／姜靓
牡丹亭+昆曲博物馆+视觉标识
参看了《青春版牡丹亭》的舞台设计与服装设计，融合了昆曲的戏服、道具、剧本等视觉元素，进行深度的提炼。制作了一套昆曲博物馆的视觉标识设计。

设计的表面肌理或创意产品设计的独特思维方式形成的造型为突破口；在环境艺术设计中的以创意空间元素设计为突破口。在训练中尝试运用跨专业的研究方法，激发创作者运用不同专业的设计思维，在发挥本专业的长处的基础上，将平面图形创造向产品、环境、空间、立体、新媒体、动画等多维方向拓展，实现将图形由二维平面空间表达向多维立体角度转换发展的改进，丰富图形设计的内涵，提升创作者在不同设计领域对图形创新和应用的能力。

3. 由传统手绘模式转向艺术、科学、技术表现相结合的融合式训练

图形设计非常注重创作者的动手能力，即作品的呈现形式以手绘为主，这也是体现创作者个性和设计艺术排他性的主要因素之一。但是随着时代的进步与发展，科学技术领域的更新换代对设计领域训练方法提出了新的挑战，也带来了新的契机。因此将艺术与科学、技术相结合的训练日渐重要了起来。我们不仅要引导创作者从思维上将三者相结合，还要在具体的设计实践中做好三者结合的条件储备。

在科学技术对艺术领域的影响力日渐渗透的背景下，除了强调传统手绘的艺术个性呈现之外，还应该大胆地将图形设计由艺术为主的创作拓展为艺术、科学、技术相结合的创作，它们三者的融合将为图形设计的表现方法与表现载体提供无限的潜力与空间。我们积极鼓励将三者结合进而重新调整图形设计创作的出发点，有助于创作者走出从局限于单一学科领域进行思考创作的局限性状况，也是将理性的、严谨的、逻辑思维再一次深入地与倾向于感性的艺术美学进行深入的碰撞，将会迸发出更多令人惊喜的火花与成果。同时，引入科学、技术与艺术的结合，为现代社会多重表现形式下的艺术语言表达提供了新的客观载体途径，对于图形设计而言，与科学技术的结合可以使得图形设计创作的过程引发新的表现手段，为最终效果呈现前所未有的突破打下了基础。因此改革设计研究手段，实现学科知识交叉，由静态的设计知识的训练模式拓展为以多媒体为技术特征的平面及动态的设计智慧的训练模式，对培养创作者关注现实、构想未来、发现问题、解决问题的能力有着重要意义与作用。

本章所提及的本土文化介入图形设计拓展式训练研究的诸多设想与办法，是基于当下社会需求的变化与设计教育的变革，通过对目前图形设计训练所存在的问题进行思考与评议后提出的。从本土文化的现代生存与发展的角度提出反思，对于当代本土文化复兴提出了借鉴与再造的途径，同时，强调了图形设计的拓展式训练研究，将传统的图形设计训练与本土文化和时代脉搏紧密相连，将本土文化介入的图形设计训练，引入更为广阔的发展空间，提出个人的拙见。

意匠图形设计方法研究

传统图形在进行设计实践时，很多时候难以将具体的设计方法运用于其中。本章就前文中所提到的设计方法对于传统图形元素与平面、空间、产品、新媒体等，相结合进行设计实践。对于如何将设计“加法”合理地与设计实践活动结合进行分析和探讨。

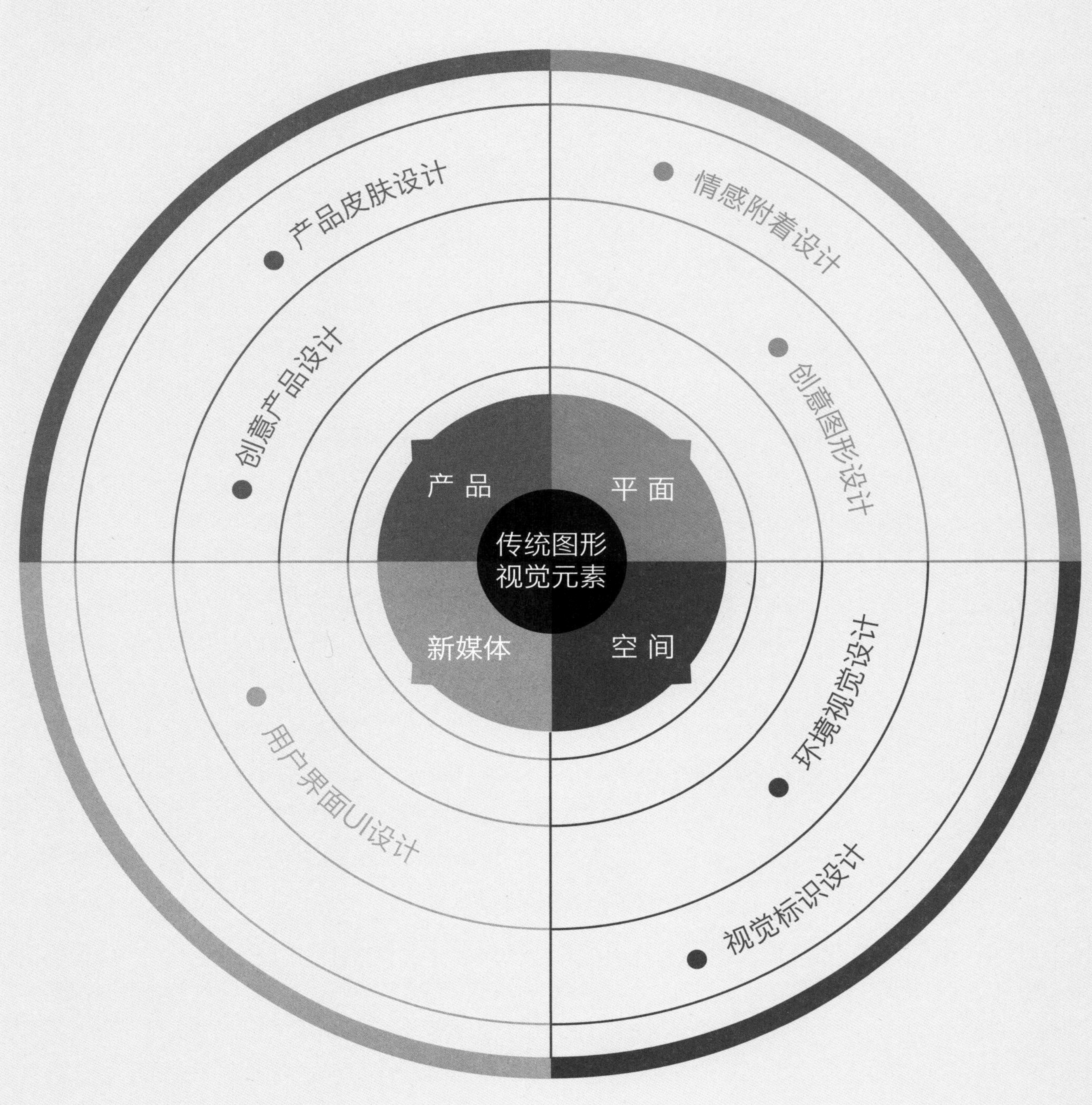

+产品
=创意产品设计
=产品皮肤设计

+Product
=Creative Product Design
=Product Skin Design

视觉元素符号载体通过与产品设计结合的形式，传达一定产品的文化内涵，符合现代社会高科技与高情感结合的时代特征和价值取向。通过视觉元素所具有的功能、装饰、文化等隐喻方式，运用演绎和概念偷换，将原有的物品视觉元素进行的全新的颠覆。

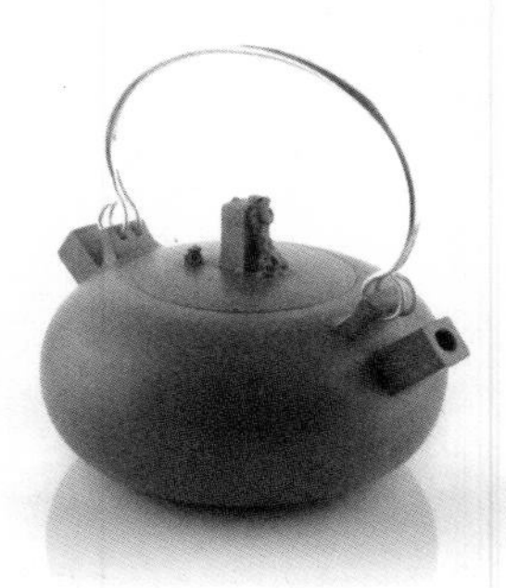

研究目的：传统图形元素在产品的创意设计中应用十分广泛，现市场上也有不少值得肯定的创意产品设计，通过设计的方法梳理更好地指导设计者们对于传统图形视觉是如何能与产品创意设计本身更好地结合，能设计出推陈出新融合了传统和新意的作品，同时传统视觉元素如何在产品上进行视觉的渲染，提出设计的思路。

随着近年来，提倡中国风设计的呼声越来越高，市场上出现的中国风创意产品也层出不穷，2008 年中国举办奥运会时的吉祥物福娃，奥运“祥云”火炬等创意设计，将中国传统的图形元素与产品进行了非常合理的结合。但是，设计市场上却也充斥着设计粗俗、缺失美感的“中国风”设计，设计质量良莠不齐，尽管对于中国本土化特色的创意产品设计的潮流是很值得提倡的，但大量设计粗劣，以次充好的创意产品却令人对于所谓的“中国风”审美疲劳。这并不是传统图形元素本身的问题，而是设计者们在进行设计实践工作时，并没有对产品的设计进行更深层的挖掘，忽略了产品背后所要传达给受众的内涵，而不是仅仅流于表面的“中国风”，没有从理论的根基上研究，而是直接进行抽象或者具象照搬，粗劣地模仿，设计出来的产品便会流于空洞。

真正优秀的创意产品设计是具有文化性，能传达给受众心理认同感的设计，绝非流于表象的生搬硬凑。中国传统图形元素具有很多深层次的吉祥寓意，在与产品的设计进行结合的时候，首先要针对产品的寓意进行分析调查，再与具体的设计产品进行融合。只有了解图形背后的文化寓意再进行设计工作，对于设计产品的风格定位才不至于走偏。

现代创意产品设计具有鲜明的商业性。设计品也是商品，如何能通过传统元素的使用增加设计品的商业价值，也是传统图形与产品设计融合时的要点。比如法国卡地亚香水瓶的设计，以东方神韵作为香水的卖点，对称的花瓣组成玲珑的玻璃瓶身，瓶身装饰中国传统的吉祥图案“寿”字。寓意吉祥，想来这款香水用来送长辈是最好不过的选择了，通过传统图形的使用，提升品牌内涵，也扩充了香水的商业价值。

众所周知，很多具有吉祥寓意的图形标准搭配的颜色多为热烈缤纷的红色、黄色等，但如能将颜色的搭配适当地处理清淡，再经过合理地调整，也不失为一种独特的美感。

左

图6-7 研山云椅
设计者：陈原川

研山系列家具设计理念秉承简单优于负责，幽静优于喧闹，轻巧优于笨重，稀少优于繁杂。明式家具与太湖石以及山石映像结合不仅仅是一个创作的题材，而是承载了文人思想与自然精神的器物，通过研山系列的创作，观望于明，仰望明人审美之高山，观照现实之创作。研山家具设计遵循其道，在根植传统文化的基础上，精心地创造安安静静的作品。

右

图6-8 新文人壶——研山壶
设计者：陈原川

借传统赏石中的「奇石」之形，打破历代制壶高手的制壶模式，另辟蹊径，与现代设计的精神相结合，将不规则的孔洞石材与紫砂壶身的直线与弧线巧妙衔接，心有灵犀，天人合一，外师造化，中得心源。手捧一方研山壶，好似古园品茗，听风颂月。

传统图形视觉元素 ＋ 产品 ＝ 产品皮肤设计 **视觉渲染**

壹　图形的寻找

背景了解：了解传统文化相关的知识，从书籍的研读到实地的考察，近距离接触传统相关的家具、器物等，同时参观时尚创意品牌店，了解时尚前沿类产品的现状与趋势，从而感知传统图形在现代产品中的生命力。

贰　图形的凝练

通过对传统器物等的图形转换，提炼视觉图形元素，结合现代产品的设计特征、功能使用、环境氛围等，进行产品皮肤设计。

叁　参考案例

左　图6-9　Pick Your Nose 创意纸杯设计

右　图6-10　时尚旅行箱设计

肆　设计实践

传统图形元素在现代创意产品中运用得当，使产品附有浓浓的人文气息。具体的设计融合方式有以下几种：一、化繁为简，从古意中出新意。二、中西结合，利用结合的方式创造新的形式，也不乏为一种合适的方法。三、取旧形着新色。

上

图6-11 一杯童年

设计者：宋义／韩子燕

指导：魏洁／陈原川／姜靓

拨浪鼓+咖啡杯

把拨浪鼓倒入咖啡杯中就有了感情。当你喝完杯中的咖啡，拨浪鼓鼓面的花纹就会渐渐浮现，盘子上的两个鼓槌虽然不会动，却与红色的拨浪鼓杯相得益彰，共同带你体验天真的童年。

下

图6-12 东西看座

设计者：张雨婷／徐艺萌

指导：魏洁／陈原川／姜靓

明式家具+西式沙发

明式家具如今已经成为奢侈与品位的代名词，并不是每个迷恋明式家具硬朗简洁线条的人都买得起一把回家收藏。何不把它印在舒服的沙发上，一举两得。

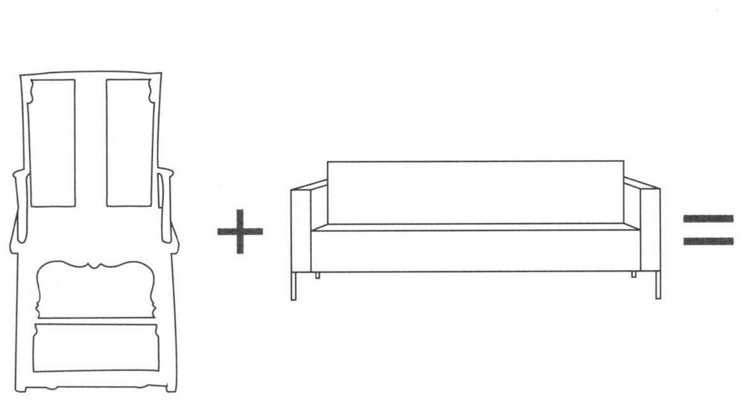

传统图形视觉元素 + 物品 = 创意产品设计 **概念转换**

壹　图形的寻找

背景了解：实地考察传统器物的制作生产、功能使用以及环境情况，深入剖析传统器物的造物精神与器质形态。同时近距离接触现代时尚产品，切身体会用户使用情况以及了解现代人的审美情趣。

贰　图形的凝练

对传统器物的造物精神和器质形态等的图形提炼，结合现代产品的使用功能和现代人的审美情趣，对产品进行全新的概念转换设计。

叁　参考案例

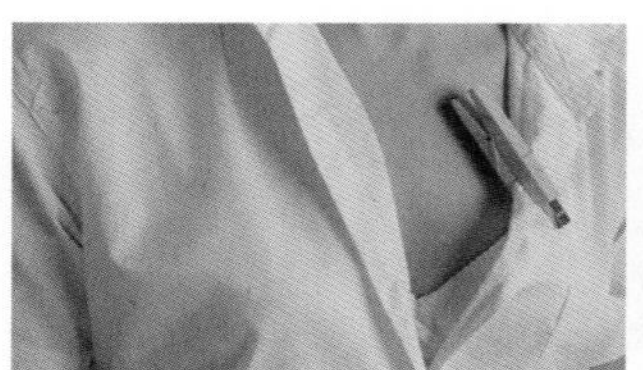
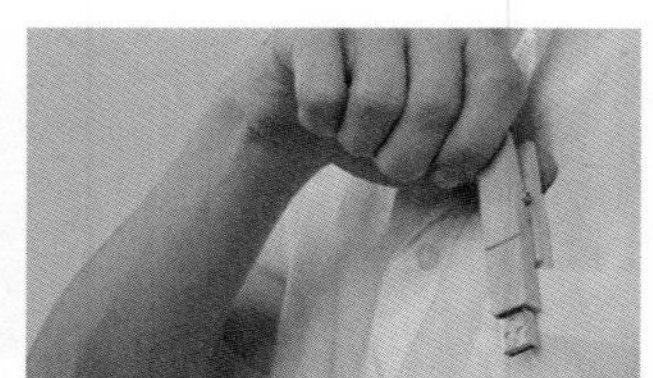
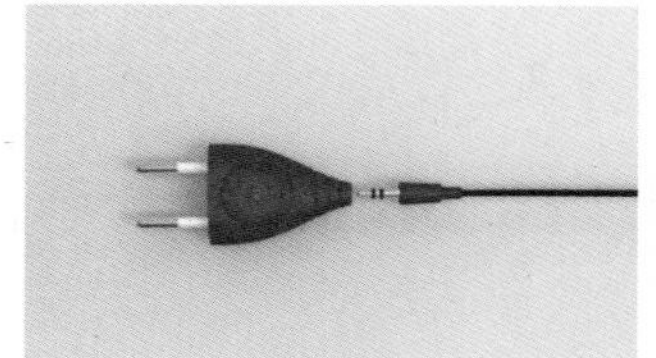
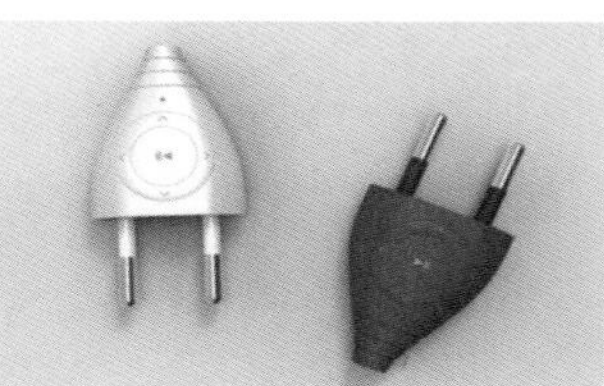
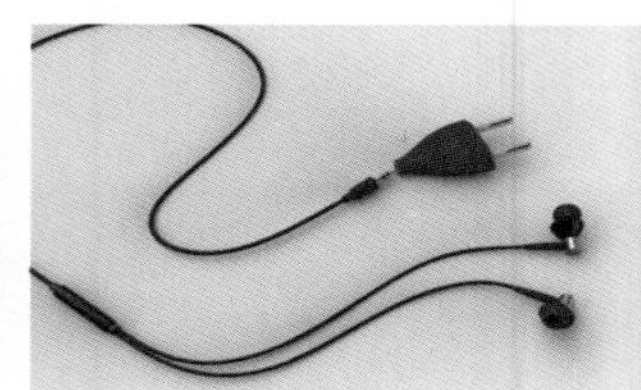

上　图6-13　便携式U盘的创意设计

下　图6-14　插头概念的MP3创意设计

肆　设计实践

传统图形元素在现代创意产品中运用得当，使产品附有浓浓的人文气息。具体的设计融合方式有以下几种：一、化繁为简，从古意中出新意。二、中西结合，利用结合的方式创造新的形式，也不乏为一种合适的方法。三、取旧形着新色。

上

图6-15　花之味

设计者：周灿／赵艳洁

指导：魏洁／陈原川／姜靓

刺绣+杯子+滤茶器

刺绣是端庄典雅的象征，品茶也是文雅的一件事，用刺绣做网，过滤茶叶来品茶，是一件雅上加雅的事。玻璃器皿体现了一种现代又不失古韵的情调。

中上

图6-16　锁住记忆

设计者：周灿／赵艳洁

指导：魏洁／陈原川／姜靓

U盘存储器+锁+钥匙

U盘与锁、钥匙的结合，一把钥匙配一把锁，拒绝病毒。

中下

图6-17　汉字钟

设计者：邵维／陈开心

指导：魏洁／陈原川／姜靓

传统汉字+放大镜+钟表

中国传统钱币的文字形式与时钟相结合，意在珍惜时间的呼吁。放大镜与指针的替换，反常态的设计增加了生活趣味，更显简洁时尚。

下

图6-18　一点红

设计者：肖艺萌／郑奂奂

指导：魏洁／陈原川／姜靓

红灯笼+U盘存储器

这款一点红U盘的灵感来源于中国传统灯笼。利用灯笼可伸长可缩短的特点，与U盘设计结合。可解决普通U盘盖子易丢失的问题，并为生活增添一分趣味性。

+ =

+ =

汉字 +

+

=

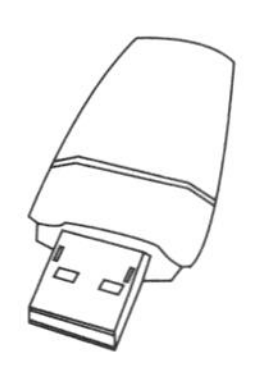

+ =

+平面
=情感附着设计
=创意图形设计

+Surface
=Emotional Attachment Design
=Creative Graphic Design

传统图形具有多元的文化艺术底蕴，民族图形符号具有独特的视觉语言和悠久的形式架构。借助对于传统图形的语汇设计风格的独特性和价值审美的新发现，通过运用现代图形的创意方法，实现独特的现代视觉语言传达。

从渊远的艺术历史长河中流传至今的图形可谓是种类繁多，形态各异，单单从图形本身风格来看，商代饕餮纹端庄威严，周代窃曲纹秩序井然，汉代云纹飘逸悠然，六朝莲花纹清瘦秀美，唐朝忍冬纹华贵雍容，宋代瓷器的龟裂纹自然理性，元、明、清松竹梅纤巧繁复，历朝历代所流传至今的图形元素在平面上的运用可谓是令人目不暇接，赏心悦目。那么，如何在种类繁多的图形中选择合适的设计素材，传统图形怎样去繁存简与平面的创意进行结合？下文中会结合具体的设计实践进行研究。

研究目的：通过研究，培养设计者的观察力、理解力、表现力，利用视觉语言传达信息的基本技能，促进创新性思维，培养兼收并蓄的审美观与艺术观。传统图形是一种文化身份的符号系统，它是区别于西方文化的一个重要标志。现代的平面设计语言要求简洁明朗，易于记忆。因此，在结合平面作品的过程中，尤其要讲究提炼元素的意趣，从复杂的形态中提取其中最具简洁的代表性的视觉元素。

传统图形讲究视觉平衡感，这与中国传统的道家推崇的阴阳平衡，刚柔并济，虚实结合相得益彰。传统的图形在平面设计的结合中，要抓住其中的精髓，视觉图形的平衡感就是其中最为关键的一点。平衡感不是单指图形的完全对称或居中，而是刚与柔，虚与实，大与小，轻与重等既有对比又能和谐共生之感。

在结合传统图形进行设计的过程中，如果一味墨守成规而不对内部的形态做任何处理，就仅仅成为“图形的搬运工”而非真正的设计师。结合具体的设计要求对

左 图6-19 商业标志设计
右 图6-20 奥运及汉字海报设计
设计者：陈原川

汉字与文化是海报表现与关注的主题，汉字的形象性、意向性呈现丰富的图形化特点，海报语言尝试表达汉字语境具有最早的前沿探索，曾引导汉字设计的热潮。文化的内涵具有精神层面的意义，在符号之下是文化精神的不懈追求，汉字以及文化寓意海报的表现是在此领域独具特色的风格。

于传统图形符号内涵的扩充和增加，对传统图形符号形态的增减，是传统图形结合平面设计再创造的一个非常关键的环节。当然，这其中增减的度，也是值得商榷和讨论的。无论如何，一味地墨守传统图形范式或者完全打破传统图形，破坏其中的意趣都是不可取的设计方法。德国设计师霍格·马蒂斯强调过：“任何国度的设计中，都应体现国度的根，这个根就是自己的文化。”

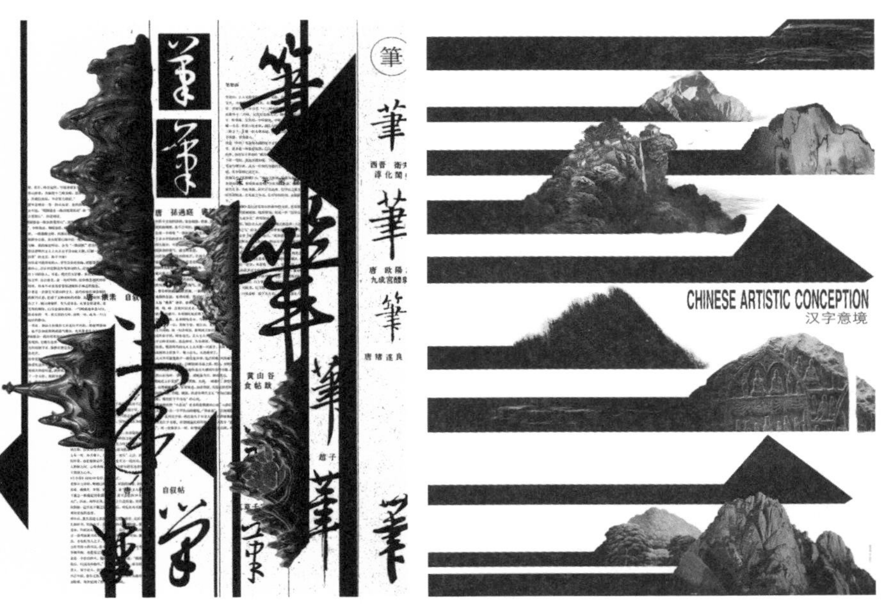

壹　图形的寻找

背景了解：园艺窗花主要在江浙一带，尤其以无锡和苏州一带的园林为典型，因此在进行园艺窗花的创作之前，需要对中国的园林艺术有一定的了解，了解他们的不同形态、使用位置、对整体园林设计的作用等。一方面通过老师曾经对园林的考察照片让学生有深入的认知，另一方面通过给学生推荐一些关于园林历史文化的书籍。

贰　图形的凝练

以扬州何园的各形态窗孔为图形元素，进行归纳与凝练，同时考虑具有设计延展的可能性。

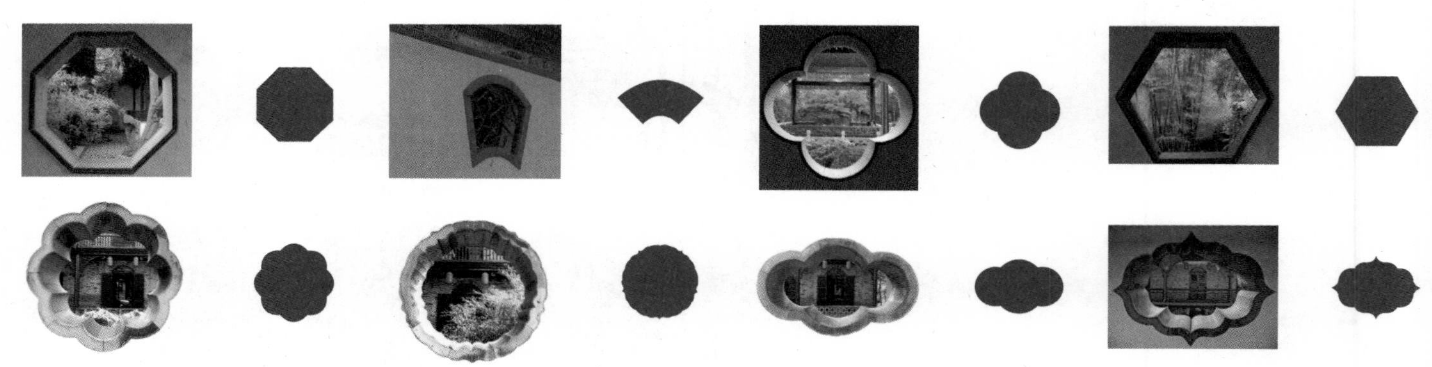

叁　设计实践

突破传统有所创造，打破图形本身的拘束，保留图形中的意味，这对于设计师本身的文化底蕴和设计技巧有着很高的要求，而这些要求也只有在未来不断的设计实践、设计学习，通过归纳总结后才能慢慢地达到。

上

图6-21　苏州博物馆印象海报

设计者：李小菁／王焕然

指导：魏洁／陈原川／姜靓

苏州博物馆白墙灰瓦+创意图形方法

这三张是宣传苏州博物馆的海报，包括著名的假山、窗格和假山。所选取的标志性元素均是构筑你我记忆关于苏州博物馆的DNA。

下

图6-22　文字海报

设计者：于洁／刘颖

指导：魏洁／陈原川／姜靓

瑶族纸绘+文字+创意图形

海报以瑶族纸绘，传统的度戒面具为元素，提取其中的图形和色彩，形成文字设计海报。

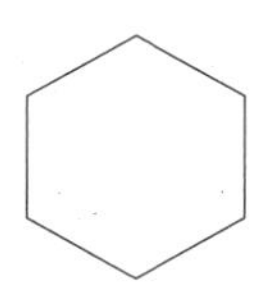

+　创意方法　=

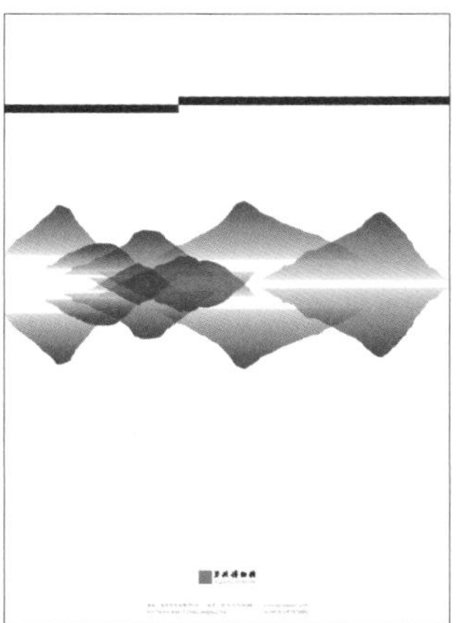

+　文字

+　创意方法

=

窗孔形态图形+创意图形方法

从窗花的形状：圆形，扇形，八角形，海棠形中选择最喜欢、最有感觉的形状，将其与自己喜爱的元素相结合，这个元素可以是传统的如：窗花，皮影，中国画，传统装饰纹样等，也可以是现代的元素。广泛的积累资料，详细了解自己所选形状和所结合元素的特征，尝试选择切入点进行结合。

上　图6-23　插画与海棠形态的结合，使得双喜图形更加丰富。

中左　图6-24　睿智地解析了海棠形态的特征，运用冲浪管道的特征，动态活泼地诠释了这一作品的主题。

中中　图6-25　在独特的视角下，寻找到了和海棠形态的结合点。同时将中国传统文化的元素表现得淋漓尽致。

中右　图6-26　设计者：臧小凡　指导：姜靓

下左　图6-27　设计者：冯燕　指导：魏洁

下中左　图6-28　设计者：吴钰　指导：魏洁

下中右　图6-29　巧妙利用正反图形诠释海棠图形。

下右　图6-30　设计者：赵诗祺　指导：魏洁

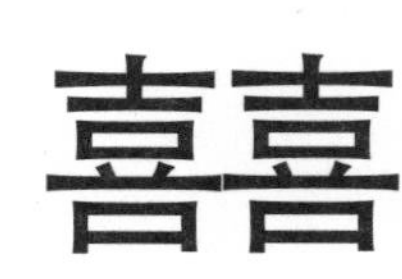

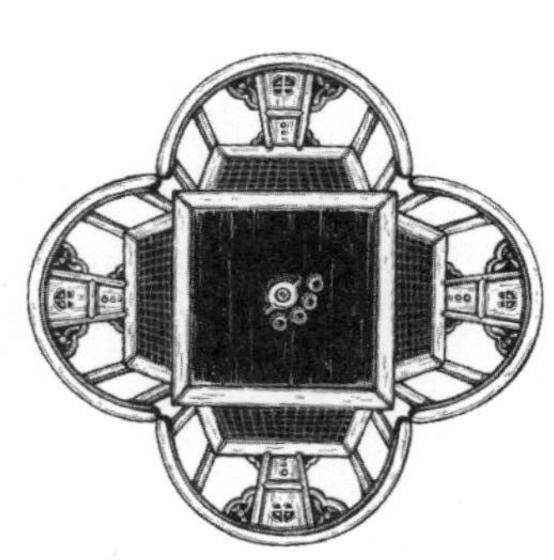

上左 图6–31 敏锐地在日常的生活中捕捉到了八角形态。恰到好处的、不做作的将八角形态与图形完美的结合。

上中 图6–32 善于发现生活中的细节，敏锐捕捉到了与扇形相似的图形。

上右 图6–33 奇思妙想之处在于关注的点是生活周边的细节。具有很强观察力的同时又具备了很强的联想能力。

中左 图6–34 合理的适合形态设计，同时运用动态的方式打破规矩的六边形，使得图形更有张力。

中右 图6–35 设计者：何嘉琪 指导：魏洁

下左 图6–36 设计者：臧小凡 指导：姜靓

下中 图6–37 设计者：臧小凡 指导：姜靓

下右 图6–38 建筑与倒影组成了八边形的形态，同时抓住了传统建筑的特点，强化了八角形态的特征。

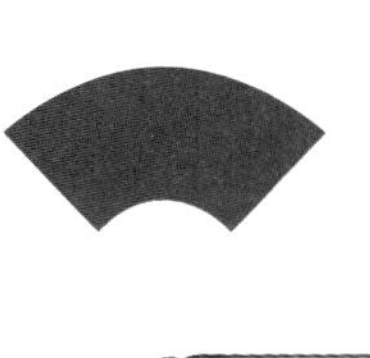

上左　图6—39　用书籍翻阅时的形态组合成了这个独特的图形。同时运用了空间转化的手法，使得图形更有层次感。

上右　图6—40　鸟笼的联想恰到好处。飞翔的鸟又组成了生动的画面，图形既有张力又富有时代感。

中左　图6—41　八瓣花瓣由八只可爱的小鸟组成，小鸟啄虫子的风趣画面，使得整幅作品生动幽默又不失睿智。

中右　图6—42　具有很强的联想能力，能将花瓣形态与狮子的毛发相结合。

下左　图6—43　摩天轮的旋转重复形态恰好和八瓣花瓣的形态不谋而合。

下右　图6—44　瞄准器与八瓣花瓣形态的结合，体现了很强的联想能力。

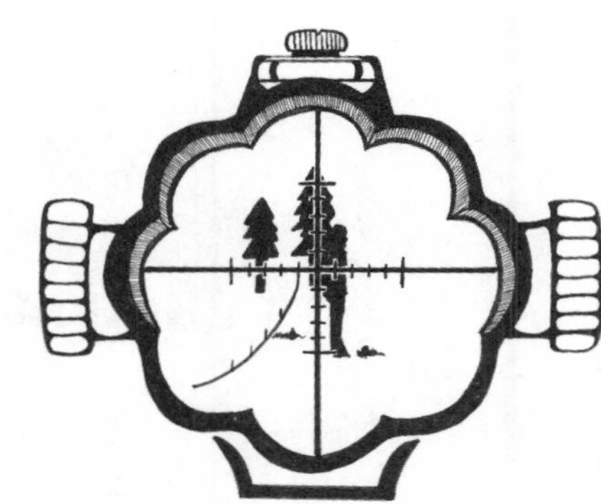

传统图形视觉元素 + 情感故事 = 情感附着设计 情感设计

壹 图形的寻找

背景了解：情感设计是指以人与物的情感交流为目的的创作行为活动。设计师通过设计手法，对产品的颜色、材质、外观、点、线、面等元素进行整合，使产品可以通过声音、形态、寓意、外观形象等各方面影响人的听觉、视觉、触觉从而产生联想，达到人与物的心灵沟通从而产生共鸣的表达方式。本课题希望学生在了解传统文化的同时，寻找情感的故事。

贰 图形凝练

对传统器物的造物精神和器质形态等的图形提炼，结合情感故事，唤起人们的某些记忆，从而达到共鸣之效果。

叁 参考案例

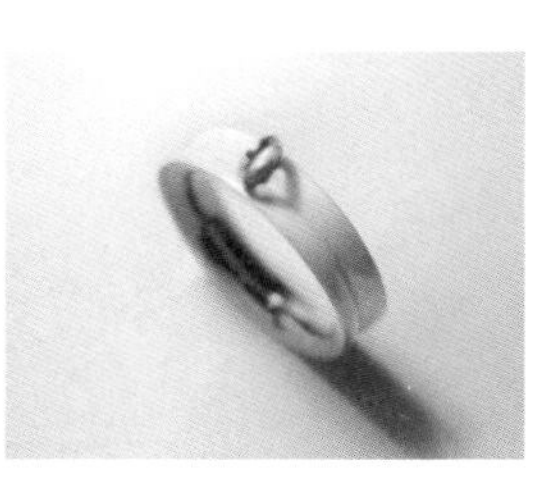

左 图6-45 爱你五百年情侣指环纯爱版

中 图6-46 「心心相影」(*Heart of Love*)戒指设计。

右 图6-47 吃豆人开瓶器创意设计

肆 设计实践

突破传统有所创造，打破图形本身的拘束，保留图形中的意味，这对于设计师本身的文化底蕴和设计技巧有着很高的要求，而这些要求也只有在未来不断的设计实践、设计学习，通过归纳总结后才能慢慢地达到。

上

图6-48 月老的约定
设计者：宋义／韩子燕
指导：魏洁／陈原川／姜靓

月老红线的故事+耳机

红线耳机专为情侣设计，让两人更加方便，亲密地欣赏音乐，交流感情。其独特的外形更适合作为礼物赠送给自己的另一半，作为爱情的信物。

中

图6-49 童年的鼓声
设计者：李小菁／王焕然
指导：魏洁／陈原川／姜靓

敲盘子的故事+鼓+餐具

我们设计这样一款餐具希望使用者回想起儿时敲击餐具这种行为的回忆。也许这会是一个不错的「借口」，来重新演义孩童般的幸福心情。

下

图6-50 放飞的风筝
设计者：孙晓琦／周艳楠
指导：魏洁／陈原川／姜靓

风筝游戏的故事+闹钟

风筝的传统图形元素的介入，巧妙利用风筝的特殊结构与闹钟的指针进行同构结合，生动、形象地表现了新设计的动人之处。

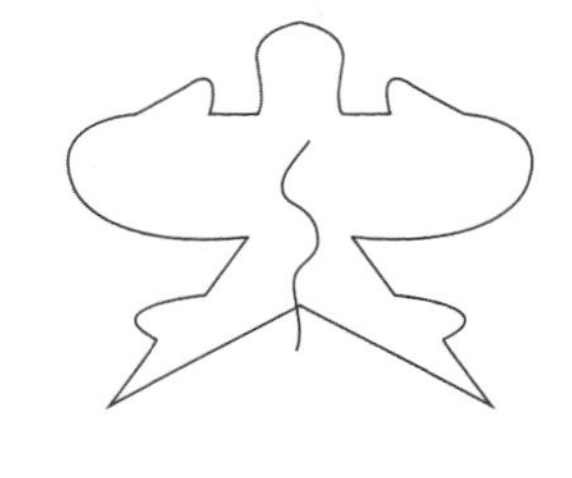

春节的节日故事+创意图形方法

通过对传统春节的节日习俗了解，提取节日习俗中涉及的情节、物品、人物以及图腾等元素，结合现代春节节日的形式，以及现代人的审美情趣，设计富有现代特征的春节图形。

上左 图6–51 巧妙地将春节的灯笼与蛇的形态结合，诠释了一个全新蛇年春节的吉祥物。

上中 图6–52 运用诙谐幽默的方法，塑造了当代的「福禄寿」。

上右 图6–53 蛇年的蛇宝宝 设计者：马云凤 指导：魏洁

下左 图6–54 运用了春节财神爷的形象，与传统的八瓣花形相结合。

下中 图6–55 龙马精神 春节版的龙马精神，形态轻松、有趣。

下右 图6–56 设计者：银小硕 指导：魏洁

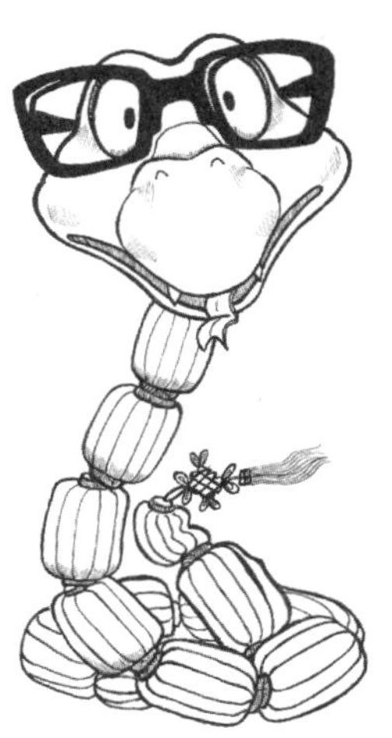

+空间
=视觉标识设计
=环境视觉设计

+ Space
=Visual Identity Design
=Environmental Visual Design

在视觉元素的重构中维度上的转换同样可以带来新的视觉上的变化，从纬度的增加上来增强视觉元素的表现力。反之则是通过纬度的递减来而使得形象变的简洁明快。视觉元素在空间主体的运用和作用，可以进一步拓展到特定空间主题的深层演绎因素。

传统图形元素与空间的合理结合往往能产生出其不意的视觉效果，在展示艺术、景观建筑，公共空间规划设计以及园林景观等的设计中，起到了重要的作用。传统的图形元素通过以符号的方式融于环境的设计中，引起人们对于传统文化的共鸣，建筑师贝聿铭在苏州博物馆的设计就是传统图形结合空间的优秀代表。

研究目的：通过对传统图形在空间中应用的设计实践，加深对于传统图形在空间应用中的设计方法理解，从而更好地指导环境视觉设计、视觉标识的差异空间设计等。

传统图形元素在空间中的运用讲究贴近自然，情景交融，浑然天成。绝不是机械地模仿和抄袭，也不是元素的单纯堆砌和仿造。而是在传统图形元素的基础上，表现自然空间之形，体会到空间中的人“情”，达到情景交融，借景寓情，人与自然的和谐共处。

传统图形结合空间，往往在空间形式、材料选择以及色彩管理上做文章。传统的空间材料以木材砖墙为主，但如今材料的多样性和材料本身组合形式的多样性也为传统图形在现代空间中的应用打好了坚实的基础。苏州博物馆在空间的组织中层层递进，参照了苏州园林的布局方式，营造出了园林式的“曲径通幽”，又通过现代的材料结合园林的造景艺术，提炼使用了大量具有苏州本土文化特色的几何形窗格作为墙体的点缀，颜色上也保持着白墙、灰瓦、木石的朴素自然之色，正是对于传统图形元素的深厚积淀，才能打造出如此静谧自然的现代空间。

在空间中，通过简化图形、提炼精髓的方式对视觉元素进行分析，由于传统图形具有繁复性，如在空间运用不当非但不会高雅，还会略显粗俗。因此，对图形元素做适当的减法是非常重要的。中国传统的造物哲学中就提到“有若自然”、“融会自然”的说法。明朝计成也在《园冶》中对于空间造景创造时指出：“虽由人作，宛自天成”，强调了意趣的重要性，反对过分的人工雕琢。因此，在对于现代空间与传统图形元素的结合中，也要遵循这样的设计原则，才能达到“天趣自然”、“法天贵真”的境界。

传统图形元素在空间环境中的合理运用，能够达到传承和民族文化的国际认同感。王受之先生在《骨子里的中国情结》提到：“东方的居住形态具有西方所没有的文人因素，可能不是物理性的，但绝对是心理性的，能够使你感动，喜悦，忧伤，悸动。”传统图形元素在空间中的运用不仅仅是形式上的，更是心理上的慰藉，是文化的渲染和悸动。空间中结合着传统图形，更能引起国人共鸣所带来心理归属感，也能引起西方人对中国的文化认同感。

南京市地铁艺术品创作 设计者：王峰

上 图6–57 小龙湾站——蛟龙腾云，作品以「龙」的形态为创作主题，突出了所处站点的名称，以现代装饰语言创作「新」九龙壁。前景、中景、后景层层相叠，形态互为呼应，呈现出绚丽的色彩与强烈的动感。

下 图6–58 花神庙站——喜上梅梢，以南京市花——梅花为主题，与地铁站点的历史文脉和地名特征相吻合。表现花神庙成为皇家御花园后，与花结下了不解之缘。以中国屏风式的构图表现梅花品质、人文情节，多姿多彩，祥和喜趣。

壹 图形的寻找

背景了解：传统图形元素在空间环境中的合理运用，结合空间，往往在空间形式、材料选择以及色彩管理上做文章。传统图形元素在空间中的运用不仅仅是形式上的，更是心理上的慰藉，是文化的渲染和悸动。

贰 图形凝练

图形与空间进行巧妙结合，产生情节化的图形联想。

叁 参考案例

左 图6-59 开关创意图形设计

右 图6-60 折叠3D卡空间运用

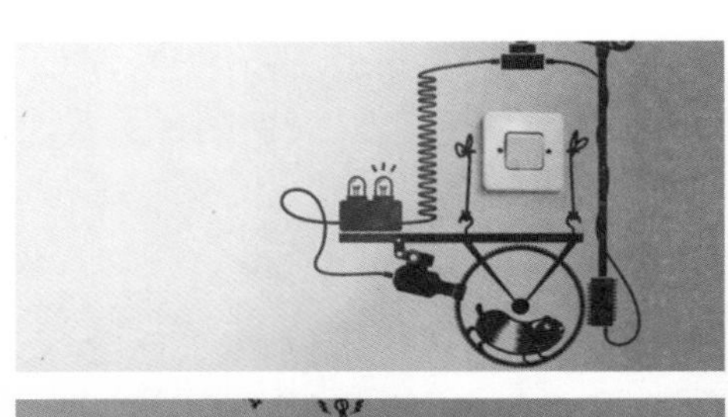

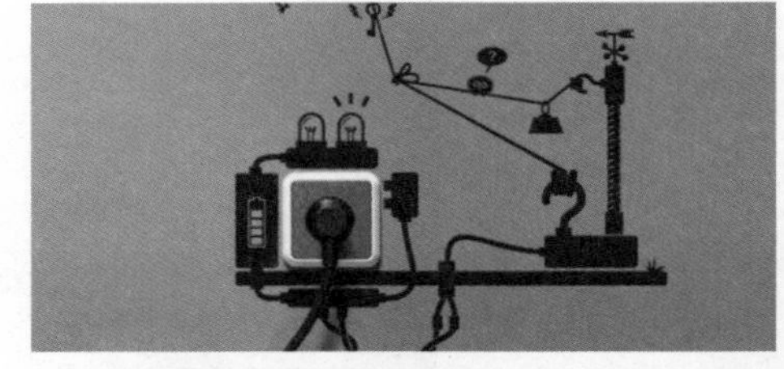

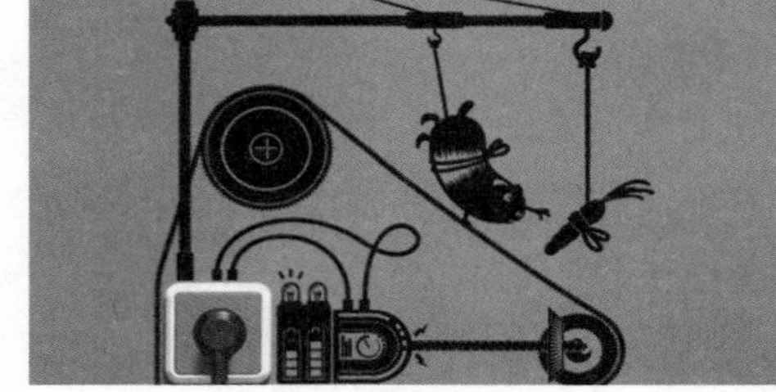

肆 设计实践

空间组织中讲究连续性、层次性以及虚实的对比性。空间形式主要通过外在的造型、内部的细节管理以及传统图形元素在细节上的运用三个方面来进行设计实践。

图6-61　点点绽放

莲花+墙面+壁灯
设计者：于锦/周文超
指导：魏洁／陈原川／姜靓

利用莲花的形状，设计壁灯，并将其与墙面水墨画相结合，一虚一实，会让人分不清画里画外，沉醉在古典而又朦胧的意境中。

＋　墙体　＋　壁灯　＝

＋ 特定环境 ＝ 视觉标识设计 **符号转换**

壹　图形的寻找

背景了解：视觉标识设计主要以导向标识设计为主，是在环境中指导人们活动行为的安全、合理、秩序化的环境公共设施。本课题需要了解被设计品牌的文化背景，结合品牌特征，提取相关的传统图形，将其融入至视觉标识系统中，结合功能、视觉的需求，设计系统的视觉标识。

贰　图形凝练

在了解品牌背景和文化的前提下，结合视觉标识的视觉性和功能性，对传统图形进行提炼。

叁　设计实践

＋ 小吃店 ＝

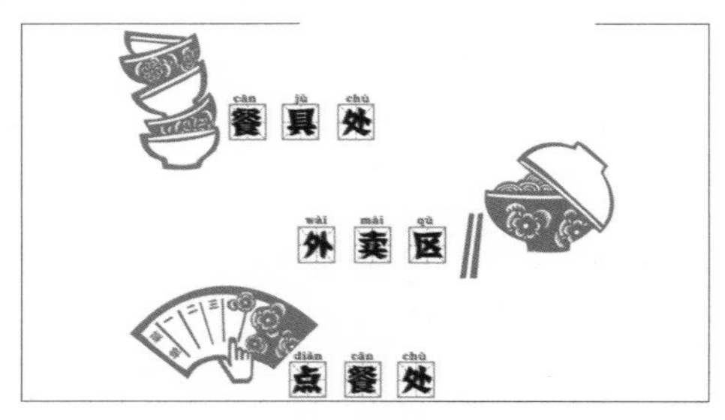

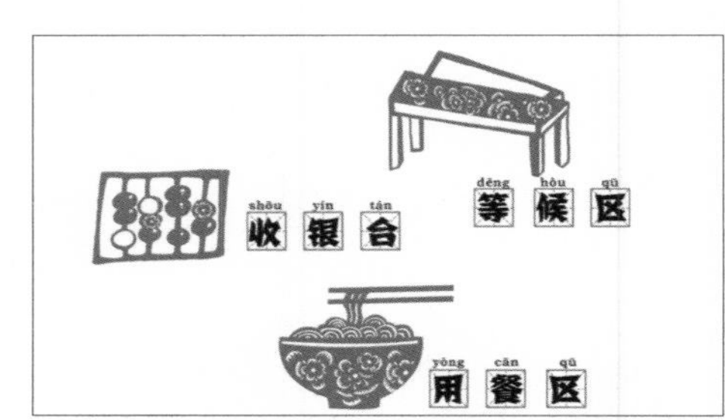

右页

上

图6-63 窗里窗外

设计者：邵维/陈开心

指导：魏洁/陈原川/姜靓

江南园林窗格+设计学院+视觉标识

此套视觉标志为江南大学设计学院设计，从中国园林窗格提取网格，进行标准化设计。设计学院黄色与窗格本色结合，体现传统色彩。

中

图6-64 一针一线

设计者：任潇/黄凤玲

指导：魏洁/陈原川/姜靓

挑花绣+博物馆+视觉标识

挑花绣在日常生活中以十字绣为大家广泛熟识，此设计运用挑花绣结合常规指向标识的几何图形形成新的一套用于刺绣织物主题博物馆的标识系统。

下

图6-65 一笔一划

设计者：王焕然/李小菁

指导：魏洁/陈原川/姜靓

汉字笔画+书吧+视觉标识

运用宋体字笔划结合常规指向标识的几何图形形成新的一套用于书店的标识系统。

左页

图6-62 剪出来的小吃

设计者：单蕾/梁菁

指导：魏洁/陈原川/姜靓

剪纸+小吃店+视觉标识

采用中国传统剪纸元素，与中国传统小吃店的视觉环境相结合，设计出一系列特色文化的标识，适合运用于中国传统特色的小吃店。

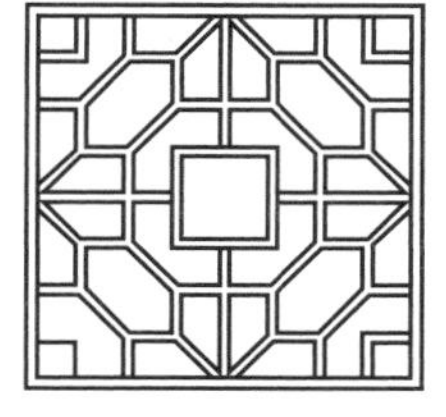

+ 江南大学设计学院 =

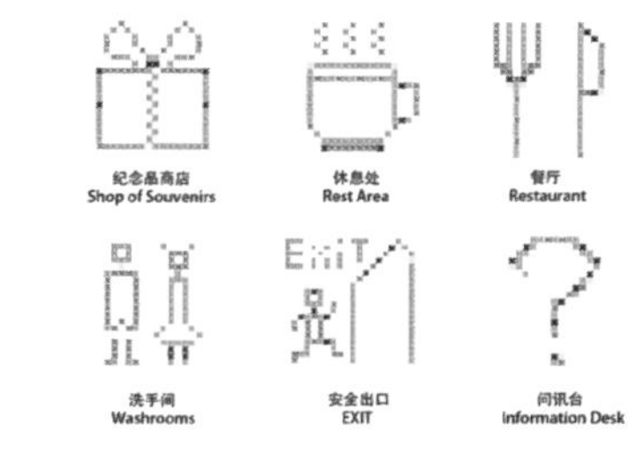

+ 小吃店 =

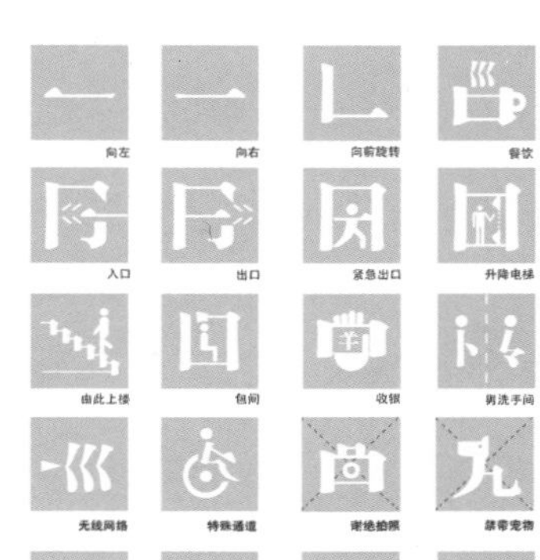

+新媒体 =用户界面 UI 设计

+ New Media =User Interface Design

中国传统图形视觉元素应用于移动终端界面设计中，不仅是对中国传统文化的重新审视、继承、发扬与创新而且可以使界面设计更加符合中国本土用户的认知习惯、操作方式、审美情趣等，唤起人们久违的民族情感记忆。

研究目的：现当下最火热的互联网新媒体领域中，传统图形元素也常被用于新媒体的设计中，成为时下最新潮的设计方式。传统图形如何与新技术相结合，更好地指导设计者们的视觉设计工作。

新媒体是一个历史的相对的概念，在不同的时代背景下，所指代的新的传播技术，当我们现在谈论新媒体时，主要是指计算机技术，移动终端技术，互联网技术等数字化信息传播技术。新媒体以数字传播、网络传播和全球传播为主要特征。新媒体不单单指代传播技术和媒介形式本身，同时也指向用来交流或传达信息的制品或设备，传播和分享信息，围绕实践活动形成的社会组织形式。它的范围包含非常之广阔，几乎囊括了我们现代生活的方方面面。那么，新潮和高新科技怎样和传统图形元素进行结合呢？这两者之间看似是冲突的，但只要将传统的元素合理地与新媒体进行结合，利用新的媒体技术能产生出其不意的效果。如今的设计市场中对于传统图形元素与手机 APP 和游戏的结合是最为突出的。

故宫博物院出品的一系列 APP，紫禁城祥瑞，胤禛十二美人图，清代皇帝服饰等，都是将藏于故宫的精美古物，通过图片，动画等，通过结合交互游戏等方式，配上古朴的音乐和精彩的动效，使得原本难以被大众接触到的古代艺术重新以全新的方式走进了大众的生活中，拉近了传统文化和普通大众之间的距离。再如，记录中国传统榫卯结构之美的 APP“榫卯”，通过精美的交互界面，书法体和留白处理，利用 3D 技术对榫卯结构 360 度的立体展示，对榫卯这种结构进行全方位的精彩展示，让不了解传统图形之美的大众，也能无门槛地了解到中国传统设计之美。

中国传统的图形元素与游戏结合的例子更是数不胜数，无论是“三国”中的乱世豪情还是仙剑里的玄幻特效，各类结合了中国传统的图形元素的游戏更是占据了游戏的主要市场。近年来手游的兴起更是让游戏公司在传统的图形元素中寻找到新的灵感，尝试各种不同的风格，有的画风古朴、华丽异常；有的画风清新、充满韵味；有的玄幻绝妙、清丽优雅。再搭配上古朴悠扬的古典音乐，吸引了不少游戏玩家。

除了上述直接将传统图形元素作为设计的主体物来进行分析和赏析的 APP 外，还有利用传统图形元素，制作各类 APP 的 logo、icon 等细节的 APP，这一类的例子更是不胜枚举了。在将传统图形元素运用在用户界面设计中时，要注意大方向的把控，对于整体用户界面的目标人群，交互方式进行充分的了解后，才能准确定义视觉风格

壹 图形的寻找

背景了解：界面设计是人与机器之间传递和交换信息的媒介。近年来，随着信息技术与计算机技术的迅速发展，网络技术的突飞猛进，人机界面设计和开发已成为国际计算机界和设计界最为活跃的研究方向。将传统图形、传统生活方式、传统文化精神与现代交互设计相结合。

贰 图形凝练

对传统文化的精神感知，将传统生活的方式、传统图形的提炼，结合现代人的生活方式及习惯，与多媒体界面相结合，设计出全新的UI设计。在用户使用时，可以更贴切我们的生活习惯、审美取向，同时也不失时尚感和现代感。

叁 参考案例

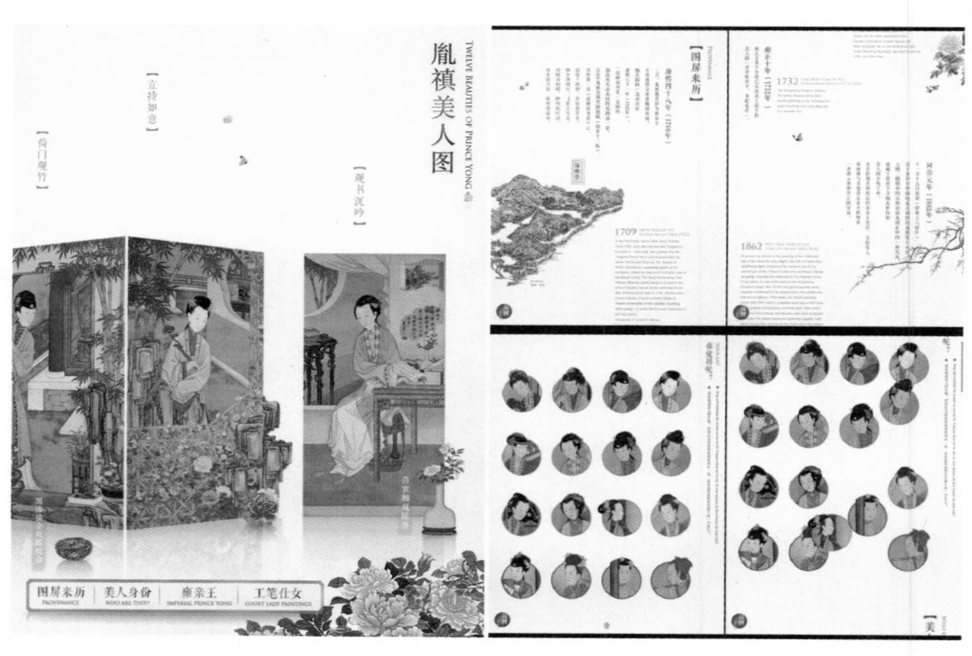

图6-66 胤禛美人图APP。故宫博物院出品的首个应用，让您指尖轻触，从十二幅美人屏风画像一窥清朝盛世华丽优雅的宫廷生活。APP中所有的画中物件与故宫博物院藏实物进行了对比观摩；观者可以360度互动观赏宫廷文物藏品；同时可以用放大镜的功能欣赏高清大图；在观赏的同时，还能深度了解APP中的背景知识；同时也满足社交网络及电子邮件分享

肆 设计实践

在将传统图形元素运用在用户界面设计中时，要注意大方向的把控，在对于整体用户界面的目标人群，交互方式进行充分的了解后，才能准确定义视觉风格。

图6-67 「信」移动平台设计

设计者：黄怡

指导：陈原川

传统书信+用户界面

追古溯今，书信有很多种形式，简、柬、札、帖等。书信简化为「信」，那是民国、近代才出现的事情。这也是大家所熟知的以纸质为载体的信。书信的本质就在于向制定的对象舒畅的表达感情意志，以此为出发点设计了「信」的移动平台应用。简洁的同时以传统书信特征为主的界面，具有古意的楷体、宋体字体设计，是「信」移动应用的主要特色。

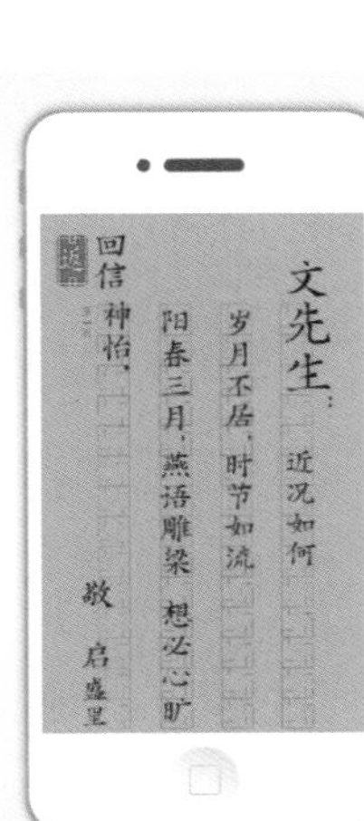

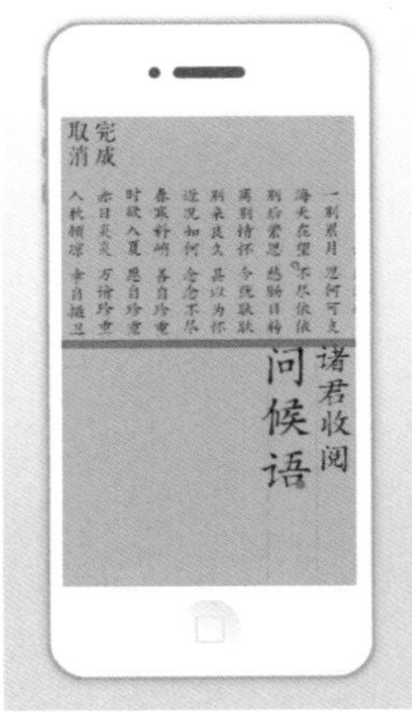

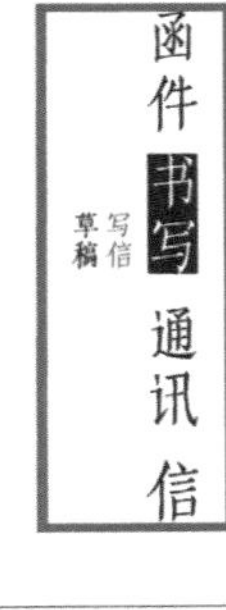

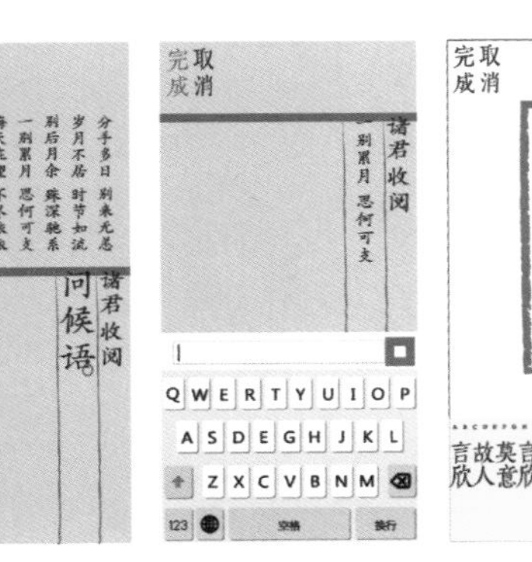

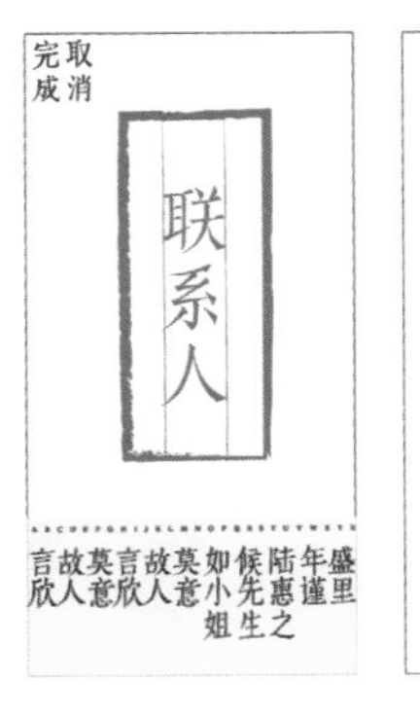

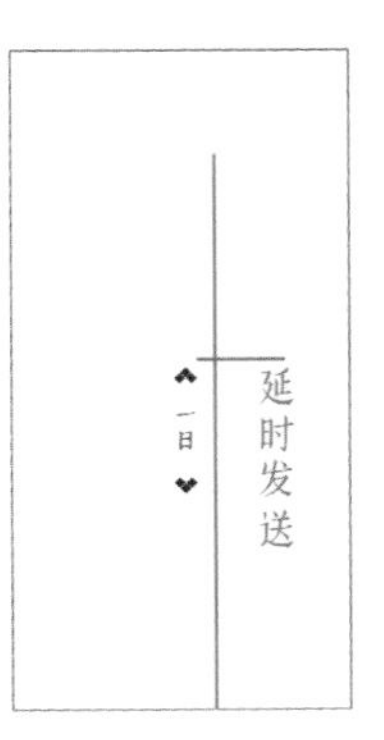

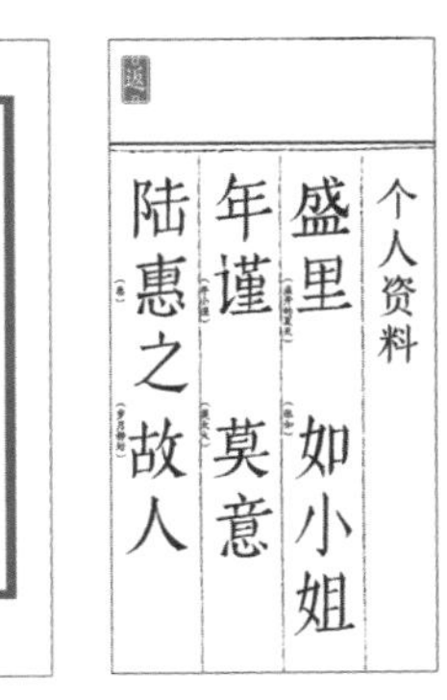

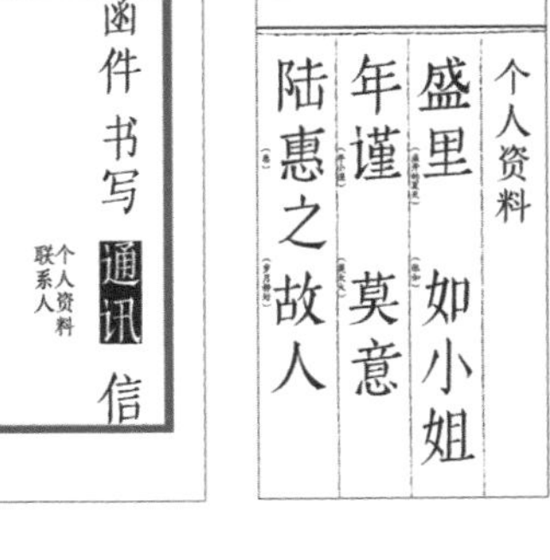

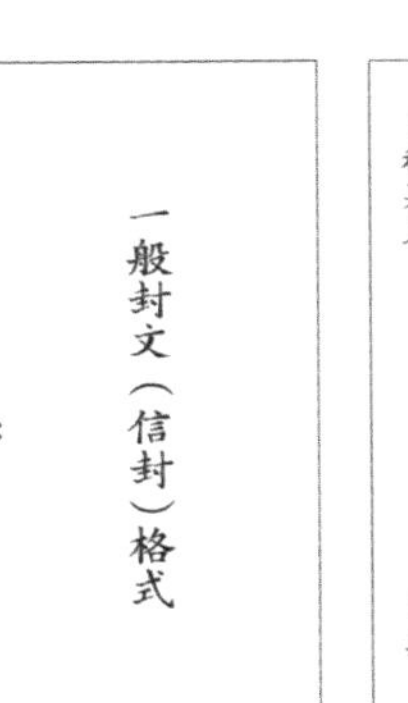

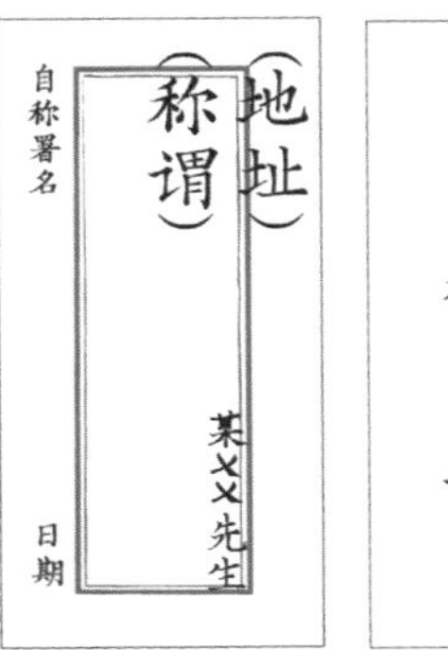

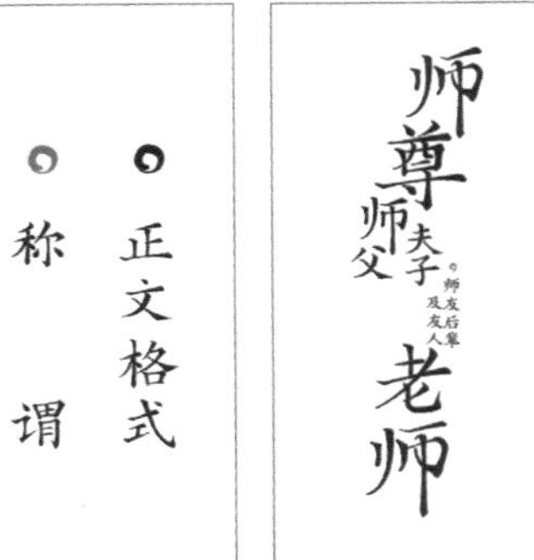

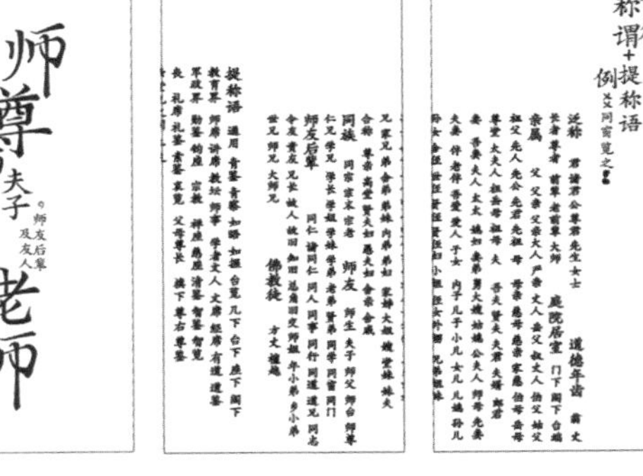

参考文献

Reference

[1] 李泽厚 . 美的历程 [M]. 广西 : 广西师范大学出版社 .2001.

[2] 李砚祖 . 装饰之道 [M] . 中国人民大学出版社 ,1999.

[3] 林家阳 . 图形创意 [M] . 黑龙江美术出版社 ,1999.

[4] 刘巨德 . 图形想象 [M] . 辽宁美术出版社 ,1994.

[5] 夫龙 . 现代图形 [M] . 河南美术出版社 ,1992.

[6] 陈望衡 . 艺术设计美学 [M] . 武汉大学出版社

[7] 魏洁 . 图形设计・第二版 [M]. 北京 : 中国建筑工业出版社 , 2009

[8] 左汉中 . 中国民间美术造型 [M]. 湖南美术出版社 , 2006

[9] 何新 . 艺术现象的符号 [M]. 人民文学出版社 , 1987

[10] 李祖定 . 中国传统吉祥图案 [M]. 上海科学普及出版社 , 1989

[11] 田自秉 , 吴淑生 , 田青 . 中国纹样史 [M]. 高等教育出版社 , 2003

[12] 魏洁 , 王峰 . 图案与装饰 [M]. 北京 : 中国轻工业出版社 ,2015.

[13] 魏洁 . 图形创意 [M]. 北京 : 中国建筑工业出版社 ,2013.

[14] 奚传绩 . 中外设计艺术论著 [M] . 上海人民美术出版社 .

[15] 故宫博物院 , 陈丽华 . 故宫经典——故宫漆器图典 [M]. 紫禁城出版社 , 2012

[16] 丁孟 . 故宫经典——故宫青铜器图典 [M]. 紫禁城出版社 , 2010

[17] 张荣 , 刘岳 . 故宫经典——故宫竹木牙图典 [M]. 紫禁城出版社 , 2010

[18] 张荣 , 赵丽红 . 故宫经典——文房清供 [M]. 紫禁城出版社 , 2009

[19] 吕成龙 . 故宫经典——故宫陶瓷图典 [M]. 紫禁城出版社 , 2010

[20] 周南泉 . 民间藏中国古玉全集 [M]. 紫禁城出版社 , 2010

[21] 故宫博物院 . 故宫陶瓷馆・上下编 [M]. 紫禁城出版社 , 2008

[22] 潘谷西 . 中国美术全集 . 建筑艺术篇 3 园林建筑 [M]. 中国建筑工业出版社 .

[23] 王树村 . 中国美术全集 . 绘画篇 21 民间年画 [M]. 人民美术出版社 .

[24] 段文杰 . 中国美术全集 . 绘画篇 15 敦煌壁画 [M]. 上海人民美术出版社 .

[25] 陈绶祥 . 中国美术全集 . 起居篇 . 民局卷 [M]. 山东教育出版社 . 山东友谊出版社 .1993.

[26] 张荣、赵丽红 . 文房清供 [M]. 北京 : 紫禁城出版社 .2010.

[27] 故宫博物院 . 故宫珐琅图典 [M]. 北京 : 紫禁城出版社 .2011.

[28] 唐绪祥 , 王金华 . 中国传统首饰 [M]. 北京 : 中国轻工业出版社 .2009.

[29] 丛惠珠等 . 中国吉祥图案释义 [M]. 北京 : 华夏出版社 .2001.

[30](日)高桥洋二 . 古董食器欣赏 [M] 株式会社平凡社 .1996.

[31](日)高桥洋二 . 新艺术・装饰艺术 [M] 株式会社平凡社 .1994.

[32](英)贡布里希 . 艺术与错觉 图形再现的心理学研究 [M] . 湖南科技出版社 .

[33]Vivian Lei、Jam Mar. Graphic Space[M]Artpower International Publish Co,.Ltd

[34]Lorative Arts · style and design from classical to contemporary[M].DK and THE PRICE GUIDE COMPANY.2006

[35] 周越 , 董是非 . 数字媒体影响下的视觉传达设计研究 [J]. 美术大观 ,2014,08

[36] 谢卉 . 新媒体艺术的交互性品格探议 [J]. 装饰 ,2006,08

[37] 袁朝辉 . 中国传统图形中的同构表意模式 [J]. 美术大观 ,2006,05

[38] 方增轮 . 重构的真实与震撼——现代招贴图形要素的探索 [J]. 美术大观 ,2006,12

[39] 张晓东 . 中国传统图形与品牌视觉形象设计研究 [D]. 中央民族大学 ,2010.

[40] 葛饶民 . 招贴广告设计的图形语言 [J]. 包装工程 ,2004,05

[41] 谭旭红 . 当新媒体艺术邂逅视觉传达设计 [J]. 文艺评论 ,2010,04

[42] 华天睿 , 王菁 . 中国传统图形元素在现代平面设计中的应用研究 [J]. 艺术百家 ,2010,S2

[43] 陈波 . 图形语言的视觉表现 [J]. 装饰 ,2005,03

[44] 张晓东 . 中国传统图形与品牌视觉形象设计研究 [D]. 中央民族大学 ,2010.

[45] 赵慧明 . 中国传统图案美学刍探 [J]. 文物世界 ,2005,02

[46] 吕小满 . 民间剪纸组合意象的解读 [J]. 民俗研究 ,2003,03

[47] 吴祖鲲 . 传统年画及其民间信仰价值 [J]. 中国人民大学学报 ,2007,06

[48] 冯敏 . 中国木版年画的地域特色及其比较研究 [J]. 郑州大学学报(哲学社会科学版),2005,05

[49] 许凡 , 徐青青 . 湖南湘绣艺术特色研究 [J]. 南京艺术学院学报(美术与设计版),2008,06

[50] 周星 . 作为民俗艺术遗产的中国传统吉祥图案 [J]. 民族艺术 ,2005,01

[51] 黄强苓 . 中国传统吉祥图案探源 [J]. 西南民族大学学报(人文社科版),2003,09

[52] 万国华 . 论清代粉彩“八宝纹”艺术特色与文化内涵 [J]. 陶瓷研究 ,2012,02

[53] 刘宗明 , 张宗登 . 中国传统太极图形的美学特征及设计应用 [J]. 艺术百家 ,2011,06

[54] 焦振涛 . 中国传统图形设计研究 [J]. 装饰 ,2003,10

[55] 唐星明 . 关于“装饰”的文化思考 [J]. 西华师范大学学报(哲社版).2006.

本书在论述的过程中引用了一些来自国内外设计同行的相关论点和作品，由于时间仓促，未能与所有作者取得联系。在此表示真诚的歉意与衷心的感谢。

后记

Postscript

* 本书为江南大学学术专著出版基金项目

"意匠"原指诗文、绘画等的构思布局，日文里汉字的"意匠"即指"意念加工"的意思，认为设计是从事意念加工的工作。图形则指：以图做说明。也就是制图足以说明工作怎么进行，而后则泛指能达成具表达意义的图形。古诗文中常有"匠心"一词，如张祜《题王右丞山水障》诗："精华在笔端，咫尺匠心难。"这里的"匠心"犹言"造意"，是指文学艺术上的构思。另外，"匠心"也有"工巧的心思"之意。视觉传达设计就是以文字、符号、造型来捕捉美感，捕捉、表达意像、表达意念与企图，进而达到沟通与说服的效果。

《意匠图形》的写作，是笔者基于对图形设计的方法总结以及对如何将本土化的图形元素结合于现代设计之中的思考与研究。本土化的图形语言如何拓展外延、如何与其他各门类的设计紧密结合，笔者结合多年的教学与设计实践心得，总结方法：利用设计"+"法，将基础设计研究与设计应用进行紧密的结合，强调用中国人自己的设计语言表达事物，注重本土化图形的应用载体拓展；并在本土化图形符号形式与语义生成、符号创意表达与文化阐释等方面做了深刻剖析，对于当今设计观念、方法的变化提出自己的看法。对本土化图形设计研究的相关领域，提出了新的切入点和角度。

随着现代设计的嬗变和发展，本土文化资源的价值与利用是本土化图形设计的立足点和出发点。发掘本土文化，合理运用本土文化对艺术设计进行提升、利用和重构，创造性地理解本土文化精神，创造出既具有鲜明的中国气质，又具有国际性的中国当代设计，而本土化图形设计方法研究是必要而重要的一环，是本书提出的主要观点。本书共分六卷，卷一、意匠溯源，探索图形的起源、追溯图形诞生的原因，找寻图形演变史中蕴含的规律与脉络。卷二、意匠深读，从文化读本、吉祥巧意、审美精神三个层面阐释，图形，不单是视觉符号，同时也能反映出一定时期和地域的文化思想，哲理、宇宙观和时空观。卷三、意匠之法，从造型方法、组织形式、构图格律三个角度进行诠释。卷四、解读之美，对于本土化图形的造型方法、题材分类以及呈现的载体进行深入的探讨，人的主观能动性与自然的客观存在性同时在图形造型中交汇和体现，才使得图形层出不穷，愈加丰富。卷五、设计承袭，通过对图形设计、图形表达的分析，强调传统图形在当代设计中的创新思维与应用。卷六、造物有灵，提出了设计“+”法，对图形设计研究进行了思考与重构，并论述了图形拓展式设计研究的必要性与方法，明确了由基础理论向专业研究过渡、单一专业向相关专业交叉、传统表现技法向综合表达方式融合的设计研究思路。

本书的付梓出版，得到了中国建筑工业出版社的大力支持和帮助，期间关于书籍撰写和编排的相关问题我们进行了多次沟通与交流，以保证书籍的整体质量。感谢李东禧、吴佳两位老师在本书的编辑过程中提出的宝贵建议与所做的大量工作，使得本书可以顺利地与大家见面。

一本书籍的出版就犹如一个新生命的诞生！回想编写的过程，此时的感受是期盼与欣慰，我愿意将自己的一点感悟与大家分享，希望能够与设计界、教育界的同仁共勉。

在本书撰写的过程中，江南大学设计学院的领导及同仁给予了热情的帮助，在此一并深表谢意。特别感谢林家阳老师为本书题序；王卫军老师题写书名；姜靓老师为本书所做的精美书籍设计；陈原川老师对于书籍编写提出的宝贵意见！感谢设计学院视觉传达设计专业的同学为本书提供的丰富案例；感谢我的研究生们为本书图片搜集与资料整理所付出的辛勤工作；还要感谢所有参考文献的作者，他们的研究成果为本书提供了很好的参考和借鉴！虽然本人已尽了最大的努力，但毕竟水平有限，书中还存在不少不尽如人意之处，恳请有关专家、同行批评指正。

魏洁　于江南大学

图书在版编目（CIP）数据

意匠图形 / 魏洁著. — 北京 : 中国建筑工业出版社, 2015.12
ISBN 978-7-112-18992-2

Ⅰ. ①意… Ⅱ. ①魏… Ⅲ. ①建筑设计 Ⅳ. ①TU2

中国版本图书馆CIP数据核字 (2016) 第 007986 号

责任编辑：李东禧　吴　佳
装帧设计：姜　靓
书名题写：王卫军
责任校对：陈晶晶　刘　钰

意匠图形
魏洁　著
*
中国建筑工业出版社出版、发行（北京西郊百万庄）
各地新华书店、建筑书店经销
北京顺诚彩色印刷有限公司印刷
*
开本：880×1230毫米 1/16 印张：13¼　字数：377千字
2015年12月第一版 2015年12月第一次印刷
定价：88.00元
ISBN 978-7-112-18992-2
（28258）